Comunicaciones Móviles y Redes Inalámbricas

Jorge Sarmiento Editor / Vniversitas

Oscar Eduardo Gutierrez

Comunicaciones Móviles
y Redes Inalámbricas

JORGE SARMIENTO EDITOR / VNIVERSITAS

DISEÑO INTERIOR: EL AUTOR
DISEÑO DE TAPA: JORGE SARMIENTO
AUTOR: OSCAR GUTIERREZ
PRODUCCIÓN GRÁFICA: UNIVERSITAS

EL CUIDADO DE LA PRESENTE EDICIÓN ESTUVO A CARGO DE
JORGE SARMIENTO

Gutierrez, Oscar
   Comunicaciones móviles y redes inalámbricas / Oscar Gutierrez. - 1a edición para el alumno - Córdoba : Universitas - Editorial Científica Universitaria, 2020.
   Libro digital, PDF

   Archivo Digital: online

   1. Ingeniería Electrónica. 2. Ingeniería Telefónica. I. Título.
   CDD 621.385

Impreso en Córdoba, Argentina

Jorge Sarmiento Editor - Universitas
Obispo Trejo 1404. 2 Piso. Of. "B". Córdoba. Argentina
Te: 54-9-351-153650681.
Email: universitaslibros@yahoo.com.ar - www.universitaseditorial.com.ar

Mis Afectos

Siento la imperiosa necesidad de agradecer. A Carmen, mi esposa amada, su compañía para realizar este trabajo y el reto permanente que es para mí.

A cada uno de nuestros hijos, Lili, Martín, Sole y Yamile que junto a sus esposos y esposa, son las bombas que me insuflan aire cuando creo decaer.

A la alegría y razón de vivir que son mis seis nietos.

Agradecer a mis Padres que me dieron la vida y a Dios que me permite gozarla junto a mis seres queridos.

A la UTN FRC que me brindó los conocimientos en mi carrera de grado y a la UNC que me especializó en esto que tanto amo que son las Telecomunicaciones.

Y a cada uno de mis amigos que siempre me alentaron.

Indice

Prólogo

La tecnología solamente es revolucionaria cuando es capaz de contribuir a los cambios sociales, culturales y económicos

Fue así con las computadoras personales y hoy también se está produciendo esta situación con las comunicaciones móviles y las redes inalámbricas. Hasta hace un par de años atrás, quién se hubiera atrevido a afirmar de que a su teléfono móvil, del tamaño de una caja de fósforos, llegaría no solo la voz, o mensajes, sino que tendría en su pantalla una página Web ó programas de TV.

Así también somos testigos del crecimiento y la evolución de las redes de área local inalámbricas (WLANs), del surgimiento de las redes de área personal inalámbricas (WPANs) y de la creciente puesta en marcha de sistemas de tecnología WiMAX que cubrirán el espacio de las áreas metropolitanas inalámbricas (WMANs).

Con este trabajo, se espera brindar una documentación que contribuya a ampliar el conocimiento de aquello que a diario utilizamos y a veces desconocemos cómo se desarrolla esta o aquella comunicación. No es una literatura acabada, simplemente se pretende dar conceptos básicos e incentivar al estudio más detallado de estas tecnologías, por parte de estudiantes y/o profesionales, las cuales, sin dudas, día a día toman mayor auge a nivel mundial.

El texto se ha dividido en cinco partes, la primera, le permite al lector transitar por la evolución de las comunicaciones radioeléctricas y la utilización del espectro radioeléctrico, las comunicaciones móviles convencionales y aquellas con cobertura celular, la caracterización de los canales móviles y los distintos modelos de propagación. La segunda parte, abarca lo concerniente a las comunicaciones móviles celulares con énfasis en la tecnología GSM, ampliando con GPRS e introduciendo lo que se viene, que es LTE.

En la tercera parte se plantea en particular el estándar IEEE 802.11, redes inalámbricas WiFi, cubriendo lo relativo a las topologías, el acceso al medio y el hardware utilizado. En la cuarta parte así como en el anterior, pero con el estándar IEEE 802.16, redes WiMAX, y se ha incluido además, un análisis de los elementos a tener en cuenta cuando se proyecta una red de este tipo. La quinta parte se desarrolla el estándar IEEE 802.15, Bluetooth y se agrega un sector de anexos, que será de utilidad para comprender algunos de los temas tratados.

Cuando el lector, halla incursionado por cada una de las páginas de este libro, sin dudas, tendrá una visión distinta de las comunicaciones móviles y las redes inalámbricas, sin considerar que está todo concluido ya que en el corto tiempo estas tecnologías crecen a pasos agigantados, cubriendo lo que la sociedad de hoy demanda: una mayor libertad de movimientos y estar comunicados en todo tiempo y lugar a la mayor velocidad posible.

He intentado darle a los escritos un lenguaje simple y comprensible. Si lo logré, me siento satisfecho.

Oscar Eduardo Gutierrez
Ingeniero Especialista en Telecomunicaciones

1
Evolución de las comunicaciones inalámbricas

1.1. Nuestros antepasados

La comunicación entre personas y la transmisión de información a larga distancia ha sido, desde siempre, una de las principales necesidades de la humanidad.

Se les atribuye a los indios el uso de señales de humo para comunicarse, pero los romanos ya trabajaron en este tipo de transmisión y disponían **telégrafos de humo** los que abarcaban grandes distancias, su uso era exclusivamente para señalizaciones militares, la red de estos telégrafos constaba de torres localizadas dentro de un rango visible, desde donde se enviaban señales ópticas y de humo en forma combinadas para transmitir la información.

En áreas donde se dificultaba obtener línea de vista para ver las señales, fueron desarrollados los **telégrafos de tambor,** la información a transmitir, se realizaba por medio de sonidos que emanaban de un tambor construido de madera.

Pero no es hasta el siglo XIX cuando se produce la aplicación de las técnicas que podemos llamar de **"Telecomunicaciones",** dando lugar a significativos avances, basados en numerosos inventos que vinieron a modificar los hábitos y la manera de comunicarse de las personas.

1.1.1-La radio - una historia con nombres

Allá por 1729 Stephan Gray descubre que la electricidad puede ser transmitida por el espacio, e intenta demostrarlo, sin lograrlo. Más tarde, en el mismo siglo, Franklin y Watson se abocan a igual propósito sin alcanzar el éxito. Cabe recordar que por esa época, la propagación de la energía, se lo fundamentaba en la existencia del éter, como medio.

Insistentemente, se buscó utilizar la electricidad para transportar las comunicaciones aún cuando el medio fuera físico, tal es así que en 1835 Samuel Findley Breese Morse, presenta al mundo el telégrafo y una simbología de pulsos cortos y largos. En 1844 perfecciona el código que lleva su nombre, y gracias a este avance, en ese año se realiza la primera transmisión telegráfica entre Washington y Baltimore. Si el lector asocia esta tecnología con la actual transmisión de datos, unos y ceros, no está equivocado.

En 1865, el matemático escocés Jakes Clerck Maxwell da a conocer su "Teoría dinámica del campo electromagnético", poniendo en forma matemática lo que describieran técnicamente en 1831 los físicos Humphry Davy y Miguel Faraday respecto a las leyes del electromagnetismo. De esta manera se construían los cimientos sobre los cuales, al cabo de los años se asentarían los fundamentos de la radioelectricidad.

En 1870 este mismo matemático, presenta su teoría electromagnética de la luz, dando por tierra, las creencias sobre la existencia del éter e insertando el concepto de velocidad de propagación, la que se realiza a razón de aproximadamente 300.000 Km por segundo.

Estas teorías fueron confirmadas en forma práctica en 1887 por el joven sabio alemán Heinrich Hertz, profesor de la universidad de Karlsrube, quién produjo ondas electromagnéticas a partir del salto de una chispa de alto voltaje entre dos electrodos, demostrando experimentalmente su existencia. Mas tarde, construye un circuito oscilador al que denomina **excitador** y que permitía a las ondas por él generadas, trasladarse por el espacio.

En 1888 Hertz demuestra la existencia de ondas electromagnéticas producidas por una corriente eléctrica oscilante de gran frecuencia, las cuales tenían las propiedades conocidas de la luz, llegando a medir parámetros como la longitud de onda y la frecuencia. En honor a estas demostraciones, el nombre de ondas herzianas y la unidad de medida hercio.

Continuando con los descubrimientos, en 1890 el médico francés Eduardo Branly, profesor del Instituto Católico de París, inventa el primer detector de ondas radioeléctricas al que se llamó **cohesor**, logro que resultó ser fundamental para las radiocomunicaciones.

En otras latitudes, el ingeniero ruso Alexander Popov, profesor de matemáticas de la Universidad de Kazán, reprodujo también las experiencias de Herz y observó que la sensibilidad del cohesor de Branly, aumentaba si se lo conectaba a un conductor que pendía de un barrilete. Inventando de esta manera la **antena**.

El ingeniero italiano Guglielmo Marconi toma todos estos descubrimientos, y luego de dos años de experimentar con ellos, logra realizar en 1894 la transmisión de señales telegráficas inalámbricas a través de una distancia de 250 metros, patentando en 1896 un dispositivo que fuera producto de estos perfeccionamientos, dando un impulso importante en la evolución de la radiotelegrafia

Sin el apoyo de su país, continúa sus experimentos en Gran Bretaña, tal es así que el 3 de junio de 1898 inaugura el primer servicio radiotelegráfico regular entre Wight y Bournemouth, de 23 km. de distancia. Se constituye en Londres la primera sociedad telegráfica, The Wireless Telegraph & Signal Co., nombrándose a Marconi su director para explotar la telegrafía sin hilos.

El día 28 de marzo de 1899, Marconi establece la primera comunicación por radio entre Inglaterra y Francia a través del Canal de la Mancha. El afán de alcanzar mayores logros no se detiene, en 1901, mas exactamente el 12 de diciembre, Marconi asombra con la primera comunicación inalámbrica a través del Atlántico, desde Poldhu en Cornwal (Gran Bretaña) a Newfoundland – Canadá y viceversa, transmitiendo la letra "S" en código Morse, con un transmisor de 12 KW de potencia.

El éxito alcanzado en el establecimiento de comunicaciones a larga distancia, incentiva a todos, tal es así que en 1906 se construye en América el primer sistema para la transmisión de voz a través de ondas electromagnéticas. Sin lugar a dudas, a este año se lo puede considerar como el comienzo de la era electrónica: 1907 Fleming perfecciona su diodo termoiónico detector de radio. 1908 Lee De Forest, premio Nóbel de Física, construye el triodo. 1910 se inventa el tubo de vacío, dispositivo que permite transmitir voz a través de largas distancias y más de una conversación sobre el mismo cable.1913 Meissner fabrica el primer oscilador. 1917 nace la transmisión AM, usando una frecuencia portadora modulada por una señal de voz. 1918 Armstrong proyectó el circuito superheterodino, básico para receptores AM. y dejamos acá el listado de grandes descubrimientos que hicieron al desarrollo de la radiocomunicación.

Para el lector de estos tiempos, solo vasta hacer una pequeña búsqueda en su memoria, para descubrir que él mismo, ha sido testigo de innumerables avances tecnológicos en todos los campos relacionados con la electrónica y especialmente en materia de telecomunicaciones.

1.2-Por cable o por aire.

Estas opciones para llevar a cabo una comunicación, se plantean desde el principio mismo de las telecomunicaciones.

Históricamente el uso de la radio, se reservaba para enlazar una estación fija con un móvil que se desplazaba por la ciudad, (Radio-patrullas policiales, Radio Taxi, etc) o para comunicar estaciones fijas, cuando las distancias a cubrir eran grandes (BLU). También era útil en situaciones en las que la orografía dificultaba el despliegue de cables (Telefonía Rural), pero fundamentalmente se utilizaba y aún hoy se lo hace, para difusión, es decir para llevar señales de radio y TV, dejando para las comunicaciones telefónicas fijas, el uso del par telefónico.

En realidad cable y aire, pueden participar en un mismo proceso comunicativo. Un ejemplo que todos conocemos, es el tradicional teléfono inalámbrico que se puede encontrar actualmente en muchos hogares, permitiendo la **movilidad** del usuario dentro de la casa que es una de las características que se requiere. Evidentemente, la red utilizada sigue siendo la del servicio fijo de telefonía pública, la cual es cableada y lo que cambia es el terminal, el que está formado por una estación base (conectada a la red telefónica) y un microteléfono con batería, separados por un enlace inalámbrico, lo que permite el desplazamiento en un entorno reducido.

La telefonía fija, ha cubierto la necesidad de comunicación a distancia durante prácticamente un siglo, reemplazando al telégrafo su predecesor. Pero en los últimos cincuenta años la sociedad ha venido demandando una mayor libertad de movimientos y los usuarios necesitan cada vez más, estar comunicados en todo momento y en todo lugar, accediendo a todo tipo de información, en el más corto tiempo.

Respondiendo a esa necesidad, han adquirido suma importancia las tecnologías que comunican al usuario final en forma inalámbrica. En una primera etapa se cubrió solo el servicio de voz, pero luego surgió la necesidad de transferir datos, y hoy ya también el video.

1.3-Breve historia de la telefonía móvil

Hay muchos escritos sobre la historia de las comunicaciones telefónicas móviles pero todas coinciden en que Martín Cooper fue el pionero en esta tecnología. Se le considera "el padre de la telefonía móvil celular" al presentar el primer radioteléfono mientras trabajaba para Motorola (EEUU) esto es en el año 1973; seis años mas tarde, aparece el primer sistema comercial en Tokio Japón, presentado por la compañía NTT (Nippon Telegraph & Telephone Corp.)

En EEUU, la entidad reguladora del espectro de ese país, adopta reglas para la creación de un servicio comercial de telefonía móvil, y en octubre de 1983 se pone en operación el primero, en la ciudad de Chicago. A partir de entonces en varios países se diseminó la telefonía móvil como una alternativa a la telefonía convencional alámbrica. Esta nueva tecnología tuvo tal grado de aceptación, que a los pocos años, el servicio se vió saturado, trayendo la necesidad de desarrollar e implementar otras formas de acceso múltiple al canal y transformar los sistemas analógicos a digitales para darles cabida a más usuarios.

El rápido crecimiento de la telefonía móvil, ha dado lugar a que se considere su avance a través de generaciones.

1.3.1-La primera generación 1G

La 1G de la telefonía móvil hizo su aparición en la década de los 80, en esos momentos la interfaz radio utilizada es analógica y el escenario que se presenta, es una gran cantidad de sistemas, incompatibles entre ellos, lo que hacía imposible el roaming. Las bandas de frecuencias utilizadas eran 450, 800 y 900 MHz y por supuesto al ser analógicos, la única multiplexacion posible, era por división de frecuencia utilizando señalización fuera de banda.

En EEUU se desarrolla el AMPS (American Mobile Phone System). En España comienza a utilizarse, en el año 1982, el sistema NMT (Nordic Mobile Telephone) nacido en los países nórdicos y bautizado TACS; también conocido como TMA-450, por trabajar en la banda de los 450 MHz. Cuando satura este sistema se comienza a utilizar la banda de los 900 MHz y aparece el denominado E-TACS o TMA-900, más conocido por todos como MoviLine.

En este sistema cada MHz se divide en 40 semicanales de 25 KHz y las frecuencias de transmisión y recepción están separada 45MHz una de otra, considerándose un radiocanal a la pareja de frecuencias para el enlace ascendente y el descendente, esto se sigue utilizando en los sistemas actuales, como veremos posteriormente.

Figura 1.1

1.3.2-La segunda generación 2G

En esta generación, los sistemas ya son digitales, con lo cual, se obtiene una evidente mejora en la calidad de servicio. En Europa se pone énfasis paralograr una normalización que permita erradicar las "islas" que se tenían en la primera generación.

GSM (Global System Mobile) se convierte en estándar europeo, dado por la ETSI en 1982, logrando lo que se buscaba, que era la posibilidad de roaming, el éxito comercial de GSM ha sido el más evidente en los sistemas de 2G. En EEUU también se evoluciona, pasando a un sistema AMPS digital al que se lo llama DAMPS e incompatible con GSM.

Con GSM se consigue disponer de una mayor cantidad de tráfico, lográndose una óptima utilización del espectro y a la vez, se ofrece una serie de servicios avanzados. En otro aspecto, los adelantos tecnológicos en electrónica, permite bajar el consumo de los terminales, dándole mayor autonomía, sumado a esto, la utilización de una señalización mucho más eficiente, que facilita la interconexión con la RDSI.

En realidad GSM ha evolucionado desde la primera red básica, que se limitaba a ofrecer el servicio de telefonía, a una red más compleja a la que se le han añadido progresivamente servicios de valor agregado, prestaciones de red inteligente, mejoras en la transferencia de datos, etc. Vamos a profundizar un poco más en la estructura de la red GSM.

1.3.3-La generación 2,5G

Muchos de los proveedores de servicios de telefonía móvil, estando en 2G optaron por una situación intermedia a la que se denominó 2,5G y que resultó económica de actualizar antes de decidirse a entrar masivamente a 3G.

GPRS son las siglas de General Packet Radio Service, que se diseñó como una tecnología para transferir paquetes utilizando la interfaz radio de GSM. Por supuesto fue necesario realizar ciertos cambios en el software y en el hardware como así también introducir algunos pocos elementos nuevos en la red GSM existente.

De esta manera, se superpone al sistema, una red de transporte IP (IP Backbone) que trabaja en paralelo al núcleo clásico de GSM y cuya función es realizar la conmutación de paquetes con otras redes de datos.

El tráfico que se cursa a través de esta nueva red, es distinto a lo que se venía realizando, ya que para acceder al mismo se utilizan los intervalos de tiempo sin asignar, en la interfaz radio (entre móvil y estación base). Debido a que se utilizan sólo los intervalos libres, la capacidad de estas conexiones no es constante, lo que impide lograr altos niveles de calidad de servicio y se ofrecen sólo conexiones del tipo "best effort", es decir que la red no asegura nada al usuario.

1.3.4-La tercera generación 3G

La 3G se caracteriza por la convergencia de la voz y los datos, con acceso a Internet, y aplicaciones multimedia. Los protocolos empleados en los sistemas 3G soportan velocidades de información importantes, enfocados en aplicaciones que van mas allá de la voz, tales como audio (MP3), video en movimiento, video conferencia y acceso rápido a Internet, sólo por nombrar algunos.

Con la 3G se busca la completa globalización de las comunicaciones móviles, gracias a la gran evolución tecnológica de los últimos años en camino de lograr UMTS (Universal Mobile Telecommunications System).

Para desarrollar este sistema se necesita cambiar la estructura de red de forma mucho más notable que los cambios que se le han ido haciendo a GSM progresivamente.

1.3.5-La cuarta generación 4G

Estamos en los albores de disponer con la 4G de Telefonía Móvil un backbone de red basado en **"Todo IP"** y permitir distintas modalidades de acceso radio, donde se busca un sistema que permita conjugar una capacidad multimedia con una movilidad plena.

La 4G se ha dado en llamar LTE (*Long Term Evolution*) Evolución a Largo Tiempo y se introduce una gran variedad de novedades respecto con los anteriores estándares, pero la mayor novedad es que por primera vez, todos los servicios, incluida la voz, sean soportados por el protocolo IP.

Las velocidades que se pueden llegar a conseguir en la interfaz radio con LTE también aumentan respecto a la última generación, llegando a un rango de 100 Mbps y 1 Gbps.

Se verá en capítulos más adelante, la arquitectura del sistema LTE, la red de acceso y la red troncal, las tecnologías de transmisión del nivel físico que se utilizan en el enlace descendente y ascendente, la técnica Multi-Antena y se describirá también las características principales de la interfaz radio del sistema.

1.4-Protocolos propietarios vs Estándares abiertos

Hasta hace unas décadas atrás, los avances tecnológicos eran manejados solo por las grandes corporaciones y entonces, quienes querían acceder a esa tecnología de punta, tenían necesariamente que "casarse" con una determinada marca y por ende con un determinado protocolo propietario. De esta forma, se generaba una dependencia, que repercutía en lo tecnológico, con una fuerte incidencia en lo económico.

En contrapartida a la tecnología propietaria, tenemos el ejemplo, del crecimiento exponencial que ha mostrado la telefonía móvil, a raíz de tener estándares abiertos, bien conocidos, discutidos, tal es el caso de GSM, ó CDMA. Los fabricantes y los prestadores de servicio, pugnan por un mercado, y la diferencia entre ellos pasa por el valor agregado que posea el producto, dando como resultado un beneficio para los usuarios, ya que se puede acceder a equipos y servicios a bajos costos Esta es otra mentalidad de cómo hacer las cosas y no cabe duda que es la forma en que los avances tecnológicos pueden abarcarnos a todos.

Hoy somos observadores partícipes de una evolución semejante en todo lo concerniente a las redes de datos inalámbricas, con usuarios finales accediendo a la web, directamente desde el teclado de su celular, utilizando un vínculo inalámbrico para conectar su PC portátil a Internet, o estableciendo una comunicación telefónica. A nivel de empresas, la conectividad entre redes locales, la interoperatividad, el trabajo a distancia (teletrabajo), la conexión de usuarios móviles a las LAN´s, es un común denominador, con lo cual, todo se transforma a datos..., incluida la voz, aquella que pasaba por una PAX para llegar al interlocutor, hoy, con el mismo destino, es encaminada de a porciones (paquetes) por un servidor.

1.5-Redes de datos inalámbricas

Usando la experiencia de cientos de ingenieros de la industria de las comunicaciones, el IEEE ha establecido una jerarquía de estándares inalámbricos complementarios. Esto incluye el IEEE 802.15 para Redes de Área Personal (PAN), IEEE 802.11 para Redes de Área Local (LAN), 802.16 para Redes de Área Metropolitana, y el propuesto IEEE 802.20 para Redes de Área Amplia (WAN). Cada estándar brinda una tecnología optimizada para un mercado distinto, representa un particular modelo de uso y esta diseñado para complementarse unos con otros.

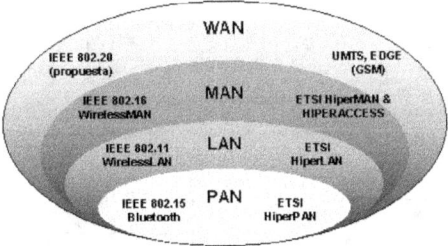

Figura 1.2

Un ejemplo de esto, es la proliferación de redes inalámbricas para hogares, oficinas y hot-spots comerciales, basados en el estándar 802.11. Este crecimiento de redes inalámbricas demanda conectividad de banda ancha a Internet, la cual puede ser provista por el 802.16 mediante un servicio de aire de largo alcance en términos relativos a la ubicación del proveedor del mismo. Para operadores y proveedores de servicio, los sistemas construidos sobre el estándar 802.16 representan un 'tercer caño' fácilmente desplegable capaz de ofrecer acceso de banda ancha de ultima milla flexible y accesible para una gran cantidad de hogares y negocios.

1.6-El Espectro Radioeléctrico

No hay dudas de que el centro neurálgico en este mundo inalámbrico es el Sector de Radiocomunicaciones de la UIT (UIT-R), que tiene la tarea de determinar las características técnicas y los procedimientos operativos de una gama cada vez mayor de servicios de radiocomunicaciones, que hacen uso del espectro de frecuencias radioeléctricas, un recurso natural finito, cada vez más solicitado, debido al rápido desarrollo de la tecnología y a la enorme popularidad de las comunicaciones inalámbricas.

El espectro de frecuencia fue visto y aún hoy se lo ve así, como un bien publico y cuyo uso debe estar sujeto a la regulación gubernamental, con el pago de una cuota y la obligación de cumplir reglamentaciones.

Los Estados Miembros del Sector de Radiocomunicaciones, que son los coordinadores del espectro a nivel mundial, elaboran y aprueban el Reglamento de Radiocomunicaciones, un voluminoso conjunto de normas con carácter de tratado internacional vinculante por el cual se rige la utilización del espectro radioeléctrico por parte de unos 40 servicios diferentes en todo el mundo.

La UIT facilita los acuerdos entre operadores y gobiernos y ofrece instrumentos y servicios prácticos para ayudar a los administradores del espectro de frecuencias radioeléctricas a realizar su labor cotidiana.

1.6.1-Bandas de frecuencias

La porción del espectro de frecuencias radioeléctricas adecuada para las comunicaciones se divide en bloques, cuyo tamaño varía según las necesidades de cada servicio. Estos bloques se llaman "bandas de frecuencias", y se atribuyen a los servicios en régimen exclusivo o compartido. La lista completa de servicios y de bandas de frecuencias atribuidas a los mismos en las diferentes regiones constituye el Cuadro de Atribución de Frecuencias, que a su vez forma parte del *Reglamento de Radiocomunicaciones*.

Banda	Denominación	Rango de Fcia	λ máx	λ min	Principal Utilización
VLF	Ondas megamétricas	3 KHz- 30 KHz	100 Km	10 Km	Ayuda a la navegación Submarinos. Etc
LF	Ondas kilométricas	30 KHz- 300 KHz	10 Km	1 Km	Ayuda a la navegación. Etc.
MF	Ondas hectométricas	300 KHz- 3000 KHz	1 Km	100 m	Radiodifusión AM, Servicios Fijo-Móvil
HF	Ondas decamétricas	3 MHz- 30 MHz	100 m	10 m	Radiodifusión AM, Servicios Fijo-Móvil, Radioaficionados, Móvil marítimo, Móvil aeronáutico
VHF	Ondas métricas	30 MHz- 300 MHz	10 m	1 m	Monocanales Servicios Fijo-Móvil Radiodifusión FM – TV, Móvil marítimo, Estaciones costeras, etc. Móvil aeronáutico, Torres de control, Radioaficionados, Buscapersonas.
UHF	Ondas decimétricas	300 MHz- 3000 MHz	1 m	10 cm	Telefonía celular, Sistemas multicanales, Trunking, TV, Buscapersonas, Microondas
SHF	Ondas centrimétricas	3 GHz- 30 GHz	10 cm	1 cm	Enlaces satelitales, Microondas
EHF	Ondas milimétricas	30 GHz- 300 GHz	1 cm	1 mm	

Cuadro 1.1

Además de administrar el Cuadro, las conferencias mundiales de radiocomunicaciones pueden también aprobar *planes de asignaciones* o de *adjudicaciones* para servicios solicitados por los distintos países que lo requieran. Luego las autoridades nacionales se encargan de hacer las asignaciones correspondientes a cada estación dentro de ese servicio.

En nuestro país, está vigente el "Cuadro Nacional de Atribución de Frecuencias de la República Argentina" el cual se puede consultar en la página www.cnc.gov.ar

1.6.2-Bandas no licenciadas.

Las tecnologías como Wi-Fi, Bluetooth, Zeeb-Been y otras, se han convertido en **"fenómenos internacionales"** y por más que no se requiere licencia para operar los dispositivos en las bandas de 2,4 GHz y en la banda de 5 GHz, esto no significa que su uso no esté regulado.

Hoy hay en el mundo aproximadamente 200 países, y cada uno tiene autoridad para crear e implementar regulaciones que pueden ser únicas para ellos, pero la gran mayoría, opta por tomar un conjunto común de regulaciones de otros países, generalmente más grande. Cuando un grupo de países, que pueden ser vecinos, comparten un conjunto de regulaciones a esto se lo denomina **"dominio de regulación"** la tabla siguiente muestra que una gran parte del mundo está dentro de dos dominios reguladores principales que son los del FCC y ETSI.

Dominio Regulador	Área Geográfica
América o FCC(Comisión Federal de Comunicaciones	Norte, Sur y Centro de América, Australia y Nueva Zelanda, distintas partes de Asia y Oceanía.
Europa ó ETSI (Instituto de Estándares de Telecomunicaciones	Países de la Comunidad Europea, Medio oriente, África, distintas partes de Asia y Oceanía.
Japón	Japón
China	China
Israel	Israel
Singapur *	Singapur
Taiwán *	Taiwán

* En estos dominios señalados, en las bandas de 5 GHz, son regulaciones propias en cambio en 2,4 GHz, entran en dominio de ETSI y FCC en ese orden

Cuadro 1.2

1.6.2.1 El dominio regulador FCC

Banda	Rango	Uso
900 MHz	902 a 928 MHz	Primeras LAN inalámbricas, teléfonos inalámbricos
2,4 GHz	2,400 a 2,4835 GHz (ancho de banda 83,5 MHz)	LAN inalámbricas 802.11b y 802.11g. BlueTooth, Teléfonos inalámbricos
UNII-1	5,15 a 5,25 GHz (ancho de banda 100 MHz)	LAN inalámbricas de uso interno
UNII-2	5,25 a 5,35 GHz (ancho de banda 100 MHz)	LAN inalámbricas de uso interno y externo además de puentes de rangos cortos
UNII-3	5,725 a 5,825 GHz (ancho de banda 100 MHz)	Puentes de rango amplios

Tabla 1.1

En EEUU, quién oficia de comisario del espectro, es la Comisión Federal de Comunicaciones (FCC), ente que comienza su actividad a partir del año 1934. El conjunto de regulaciones FCC que se aplica a la operación WiFi en la banda de 2,4 GHz y de 5 GHz, es un sub-conjunto de las regulaciones establecidas en la Parte 15 de la FCC, la que se abarca a una cantidad de dispositivos como por ejemplo, PC personales, receptores de TV y de radio, etc.

Dentro de las regulaciones de la Parte 15, se definen tres bandas separadas, 900 MHz, 2,4 GHz y UNII Infraestructura de Información Libre de Licencia, como disponibles para aplicaciones industriales, científicas y médicas. Ver tabla 1.1

En la banda de 2,4 GHz, las reglas impuestas son bastantes liberales, pero los fabricantes tienen la responsabilidad de proporcionar sistemas compatibles, en lugar de ofrecer equipos compatibles.

En otro aspecto, la FCC limita la potencia del Tx y la ganancia de antena, descontando la pérdida en el cable a no más de 36 dBm ò 4 watt. Esta potencia de radiación isotròpica efectiva (PIRE), permite un poco mas de flexibilidad tanto sea para el usuario como para el fabricante. Pero la FCC junto a otros entes reguladores del mundo la han incluido para asegura que el fabricante no provea equipos que irradien energía excesiva.

Veamos algunos ejemplos que son compatibles con la FCC:

- Un dispositivo transmitiendo 20 dBm (100 mW) con una antena omnidireccional de 5 dBi de ganancia; 20 + 5 = 25 dBm < 36 dBm.

- Un dispositivo transmitiendo 20 dBm (100 mW) con una antena Yagi conectada de 13 dBi de ganancia y 2 dB de pérdidas en el cable; 20 + 13 - 2 = 31 dBm < 36 dBm.

En los ejemplos anteriores se muestra, que el usuario puede, utilizando antenas diseñadas para aplicaciones LAN, estar dentro de los parámetros especificados para la PIRE. Podría darse el caso inverso, de utilizar antenas parabólicas, o amplificadores que harían que el sistema no cumpla con lo reglamentado.

Nº de Canal	Frecuencia central	
1	2412 MHz	
2	2417 MHz	
3	2422 MHz	
4	2427 MHz	
5	2432 MHz	
6	2437 MHz	
7	2442 MHz	
8	2447 MHz	
9	2452 MHz	
10	2457 MHz	
11	2462 MHz	
12	2467 MHz	No IEEE
13	2472 MHz	No IEEE
14	2484 MHz	Solo Japón

Tabla 1.2

Desde el punto de vista de las frecuencias, la asignación FCC para la banda ISM de 2,4 GHz esta definida entre 2.400 y 2.483,5 MHz y los dispositivos funcionan en términos de canales, los cuales se dividen en 11.

Si lo consideramos a simple vista, diríamos que el usuario dispone de todos estos canales en la banda de 2,4 GHz, pero no es así, ya que en realidad no tiene más que tres que no se traslapan. Los únicos canales que permiten disponer de 11 MHz en ambas direcciones sin solaparse con los otros, son los canales 1, 6, y 11

Las tres bandas de 5 GHz, como se mostraba en la tabla 1.1 disponen de 100 MHz de ancho de banda cada una, donde UNII-1 y UNII-2 al ser contiguas pueden conformar un ancho de 200 MHz los cuales están divididos en ocho canales que no se traslapan permitiendo cada uno un ancho de banda de 25 MHz.

Las PIRE para cada una de estas bandas está limitada a los siguientes valores.

- UNII-1   22 dBm

- UNII-2   29 dBm

- UNII-1   52 dBm (diseño para puentes)

1.6.2.2 El dominio regulador ETSI

El Instituto Europeo de Estándares de Telecomunicaciones, es un instituto consultivo en lugar de regulador como sería el FCC, sin embargo la Unión Europea, adopta al pié de la letra, las recomendaciones del ETSI, aún cuando tienen libertad para hacer cambios en cada país ò simplemente ignorar estas recomendaciones.

Hablamos de las recomendaciones ETSI y las regulaciones resultantes son de hecho mucho más estrictas que los métodos liberales de la FCC.

Lo antes dicho, está ejemplificado en las limitaciones de potencia de transmisión en la banda de 2,4 GHz. La FCC permite 36 dBm en esta banda y el ETSI no permite más de 100 mW es decir 20 dBm. Con un radio de 30 mW (15 dBm) las limitaciones PIRE del ETSI, restringen la ganancia de antena a un máximo de 5 dBi, por ende los transmisores de 100 mW deben ser utilizados con antenas de 0 dBi.

Por otro lado, ETSI proporciona una banda de 2,4 GHz un poco mayor que la que ofrece FCC. Es la misma canalización y se le suman dos canales, haciendo un total de trece canales y como decíamos antes lo que realmente interesa son aquellos canales que no se solapan los que continúan siendo tres.

La banda de 5 GHZ en el dominio ETSI es muy amplia y va desde 5,15 GHz hasta 5,7 GHz, pero se obliga a la inclusión de dos características que no están en los productos 802.11. La Selección de Frecuencia Dinámica DFS y el Control de Potencia de Transmisión TPC. Naturalmente, no se ha incorporado estos requerimientos en ningún dispositivo Wi-Fi hasta la fecha.

1.6.2.3 Otros dominios reguladores

Además de las regulaciones del FCC y ETSI, los que abarcan una cantidad de países, las regulaciones TELEC, la institución japonesa equivalente, solo se han adoptado en ese país.

En términos generales, las regulaciones TELEC, son mas estrictas en la potencia de transmisión que el ETSI pero proporciona un mayor ancho de banda, 14 canales (sin beneficios ya que solo 3 no se solapan)

Para operaciones en 802.11.a solo dispone de 100 MHz que va desde 5,15 a 5,25 GHz lo que restringe su uso.

Existen otros dominios más pequeños debido al tamaño de sus respectivos mercados.

En la banda de 2,4 GHz, el dominio regulador israelí, es un sub conjunto del dominio ETSI, permitiendo la misma potencia, y combinaciones de antenas, pero con solo siete canales, de los cuales solo dos no se solapan.

El dominio regulador chino se apega a las regulaciones de ancho de banda de FCC en 2,4 GHz pero tiene restricciones distintas de potencia y tipos de antenas.

Singapur usa regulaciones ETSI para la operación en las banda de 2,4 GHz, pero al igual que muchos otros países europeos, usa regulaciones distintas para la banda de 5GHz.

Taiwán cumple con las regulaciones FCC para la banda de 2,4 GHz pero restringe la operación en la banda equivalente a la banda UNII-2 para 5 GHz.

Estos países se van adecuando a lo ofrecido por el mercado, ya que adquirir productos específicos para lo reglamentado en un único país, lleva a incrementos de precios y baja de disponibilidad.

1.7-Ente Regulador en argentina

Al igual que otras naciones soberanas, el Estado Argentino ha asumido su indelegable responsabilidad de establecer una gestión directa en el uso del espectro radioeléctrico. Al ejercer este control, se ha tenido en cuenta que se trata de un bien de naturaleza pública, escaso y limitado y debe ser administrado con una idea de economía, de reparto equitativo, de proporcionalidad según las necesidades de la sociedad.

En nuestro país, la Secretaría de Comunicaciones cumple el rol de "Autoridad de Aplicación" y la Comisión Nacional de Comunicaciones es la "Autoridad de Control". La primera de estas dependencias, es la encargada de definir las políticas en materia del espectro radioeléctrico, realizar su gestión y planificar su uso, otorgando las autorizaciones y/o permisos de uso de frecuencias, para la explotación de los servicios de radiocomunicaciones.

Es en la CNC donde los usuarios deben realizar las presentaciones solicitando los permisos o las autorizaciones para el uso de frecuencias, y es ella quién verifica que esté acorde a las normativas y a los requisitos técnicos reglamentados. Así mismo, coordina los planes o las acciones tendientes a difundir en la sociedad la importancia del uso del espectro radioeléctrico o fija cuales serán los valores de mediciones y las pruebas a los que se someterán los equipos involucrados en los sistemas de comunicaciones radioeléctricos, para lograr su homologación.

La CNC, al ejerce el poder de policía en esta materia, realiza el control del espectro y las fiscalizaciones de los servicios radioeléctricos por lo tanto le corresponde establecer los mecanismos necesarios para la comprobación técnica de las emisiones, la identificación de interferencias perjudiciales y perturbaciones a los sistemas y servicios de radiocomunicación, para ello cuenta con centros de radiocontralor en distintos puntos del país, más unidades móviles que le permiten detectar irregularidades y asegurar el uso eficiente del espectro radioeléctrico.

En el año 1936 la República Argentina, inauguró su primera estación de radiomonitoreo, constituyéndose en el segundo país del continente en contar con un servicio de comprobación técnica de emisiones.

El espectro radioeléctrico no es destructible; no se rompe, pero un manejo desordenado de las frecuencias radioeléctricas afecta su capacidad para permitir el correcto traslado de la información y así como debemos preservar el aire y el agua de la polución, lo mismo se debe hacer con las emisiones no autorizadas ya que actúan como "contaminantes", y todos quienes estamos relacionados con las Telecomunicaciones, debemos encolumnarnos en la tarea de preservar la "limpieza" del espectro.

1.7.1-Bandas no licenciadas en argentina

En relación a las bandas de frecuencias utilizadas para "Sistemas de baja potencia", la Resolución 511/2000 de la CNC, en uno de sus considerando dice:

> *Que existe equipamiento, procedente de diversos orígenes, que responden a diferentes normativas como las de la Federal Comunications Commission (Parte 15) ó el Instituto Europeo de Normalización en Telecomunicaciones (Norma ETSI 300 220), correspondientes a diferentes frecuencias.*

> *Que en conocimiento de esta diversidad de bandas y de normas que son utilizadas internacionalmente se hace necesario fijar bandas de frecuencias para nuestro país y determinar el Proyecto de Norma Técnica respectiva.*

Además, esta Comisión, define como Sistemas de baja potencia, a equipos transceptores de telefonía, tele medidas, telemando y datos para fines científicos, médicos, domésticos, de entretenimiento o similares que hacen uso de las bandas de operación del Anexo I, el cual ha sido motivo de distintas modificaciones a través de los años llegando al establecido en la Resolución 30/2003:

Nº	Banda de Frecuencia MHz
1	138,000 - 138,450
2*	216,000 - 217,000
3	310,000 - 314,000
4	433,075 - 434,775
5	2400,000 - 2483,500

Nota: * PIRE máx.   1 mW
        Resto PIRE   10 mW

Tabla 1.3

Como vemos, en lo relativo a la atribución de bandas de frecuencias para servicios con categoría secundaria, particularmente en la banda de 2.400 MHz a 2.483,5 MHz, nuestra legislación guarda coherencia con la atribución predominante en la región 2 de la Unión Internacional de Telecomunicaciones (América).

1.7.2-Bandas para Telefonía Móvil en argentina

Las bandas de frecuencias usadas en Argentina son 850 MHz y 1900 MHz, cada operador hará uso de estas, de acuerdo a las licencias que disponga. La banda de 1800 MHz se usa en Brasil y Uruguay.

Claro tiene licencia sobre 25 MHz de la banda de 850 MHz y 20 MHz de la de 1900 MHz en el interior; y 40 MHz sobre la de 1900 MHz en Capital Federal, usando esta en forma exclusiva.

En el interior usa la de 850 MHz en casi todo el territorio, y complementa con la de 1900 MHz en las grandes ciudades y centros turísticos. No tiene acuerdo para compartir red con ninguno de los otros dos operadores.

Personal tiene licencia sobre 25 MHz de la banda de 850 MHz y 20 MHz de la de 1900 MHz en el norte; y 40 MHz sobre la de 1900 MHz en sur.

Movistar (Unifón) las tiene asignadas exactamente al revés. En Capital Federal tienen en conjunto (lo que era Miniphone), licencia sobre 25 MHz de la banda de 850 MHz y dos de 20 + 40 MHz de la de 1900 MHz.

Entre estos dos proveedores, firmaron un acuerdo para que uno pueda usar la cobertura del otro cuando la propia sea pobre, en todo el territorio nacional y sobre cualquier frecuencia. En la autopista Bs As - Rosario hay tramos que sólo cubre Personal y otros que sólo cubre Movistar.

En ciudades grandes y centros turísticos complementan con la de 1900 MHz para aumentar la capacidad de la red y para poder ofrecer roaming internacional a usuarios de teléfonos tribanda 900/1800/1900 MHz.

Personal en el sur y Movistar en el norte usan exclusivamente la banda de 1900 MHz, ya que no tienen licencia para operar en 850 MHz, pero igual pueden usar la del "amigo" si lo necesitan.

2
Comunicaciones Móviles

2.1-Introducción

Cuando hablamos de una "**comunicación móvil**", rápidamente lo relacionamos con un equipo de radio instalado en un vehículo o en caso, transportado por una persona, que se comunica con una estación fija, que oficia de base. En cambio cuando hablamos de una comunicación telefónica móvil, si bien la arquitectura es la misma, le llamamos directamente comunicación celular.

Por lo tanto, para abarcar ambos casos, se hará una descripción bajo dos aspectos:

- ✓ **Comunicaciones convencionales.**
- ✓ **Comunicaciones con cobertura celular.**

2.2-Comunicaciones convencionales.

La filosofía de estos sistemas es similar a la idea de radiodifusión, es decir se instala una estación de radio a la que se la denomina base, con potencia suficiente para dar cobertura a los terminales móviles dentro de un área lo más extensa posible.

Estos tipos de redes, se iniciaron en ámbitos restringidos, y su función primera, era el establecimiento de comunicación en aquellas actividades donde estaba de por medio la gestión de flotas de vehículos, por ejemplo:

- Servicios de Seguridad (Policías y Bomberos) hoy migrados a otros sistemas.
- Mantenimiento de servicios públicos.
  - ○ Distribución de electricidad.
  - ○ Distribución de gas.
  - ○ Distribución de agua.
- Servicios de Emergencias.
- Servicios de Taxis o Remises.

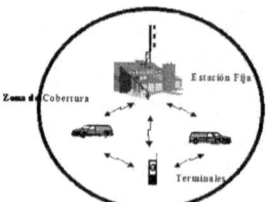

Figura 2.1

Esta gama de aplicaciones, ha dado lugar a los sistemas llamados radio-móvil privados PMR (*Private Mobile Radio*) que se caracterizan por tener una cobertura básicamente local y no estar conectados a la red de telefonía pública conmutada.

El conjunto de terminales móviles, unidos a su despacho a través de estaciones fijas, constituye una entidad que se denomina **Red**, tal como lo muestra la Figura 2.1. Dentro de la red puede haber comunicaciones en las que estén involucrados solamente ciertos terminales, se dice entonces que estos terminales forman un Grupo Cerrado de Usuarios CUG (Closed User Group)

El recurso necesario para el establecimiento de una radio comunicación móvil, lo constituye una o mas frecuencias portadoras, de acuerdo a la modalidad de explotación.

En las redes móviles tradicionales, el acceso al recurso del espectro, se efectúa mediante asignación rígida de canales, cada red, utiliza uno o más canales para sus comunicaciones y diferentes redes o CUG utilizan frecuencias distintas.

En la Figura 2.2 se muestran dos redes móviles, donde cada una de ellas, utiliza una frecuencia del espectro radioeléctrico asignada en forma permanente a cada red.

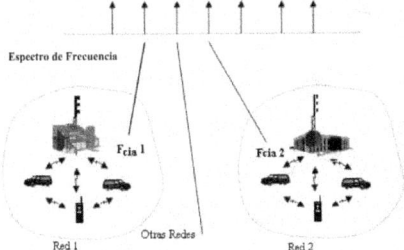

Figura 2.2

2.2.1-Cobertura

La superficie geográfica dentro de la cual, los terminales móviles pueden establecer comunicaciones con la estación fija y entre ellos, se denomina **Zona de Cobertura**, y se la puede definir como: "La superficie alrededor de la estación base, donde la señal (potencia o campo) tiene un valor que supera un umbral, dado por la sensibilidad del receptor". En consecuencia, los sistemas de comunicaciones móviles, han de diseñarse de forma que se pueda realizar el enlace desde cualquier lugar de la zona de cobertura, y esto obliga a elegir cuidadosamente la ubicación para la instalación de la estación base.

Si nos figuramos al móvil recorriendo distintos lugares dentro del área de cobertura, nos damos cuenta de que hay una cantidad de trayectos posibles, y en cada uno de ellos, se presentan diferentes situaciones de propagación, lo que trae consigo que la predicción del comportamiento de la estación base en su zona de cobertura, sea de suma importancia a la hora de parametrizar el sistema.

Dado que es imposible, analizar todos y cada uno de los trayectos, el estudio de cobertura se realiza efectuando algunas simplificaciones, como por ejemplo, trazando radiales desde la estación base. Suelen usarse 12 radiales los que estarán dispuestos cada 30º y se analiza cada uno de ellos como si se trataran de enlaces punto a punto, dando como resultado la determinación de una zona de cobertura.

Los trayectos de propagación entre base y móvil, son afectados por el terreno y la urbanización, en forma variable y por lo tanto, la pérdida de propagación tiene carácter aleatorio, entonces puede hablarse de cobertura en el sentido estadístico. Se utilizan dos grados de calidad estadística de cobertura, uno llamado **"porcentaje de emplazamientos"** que indica el tanto por ciento de lugares dentro de la zona de cobertura teórica en que se debe esperar que se establezca el enlace, y el otro **"porcentaje de tiempo"** que expresa el tanto por ciento del tiempo en que existirá el enlace establecido.

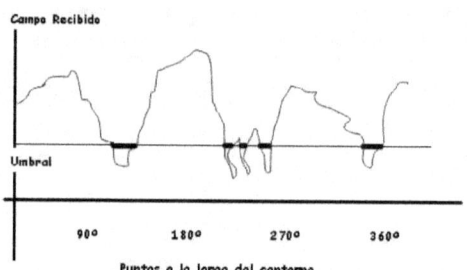

Figura 2.3

En el primero de los casos, se debe distinguir entre **"cobertura zonal"** y **"cobertura perimetral"**. Al hablar de zonal, se hace alusión a toda el área en torno a la estación base, y al decir perimetral, se referencia a un anillo situado en el límite de la zona de cobertura teórica.

Supongamos una red, en la que se desea cobertura omnidireccional en torno a la estación base, con un radio de 15 Km y como calidad de cobertura se especifica: Perimetral en el 90 % de los emplazamientos para el 95 % del tiempo.

Este requisito se interpreta como que durante el 95 % del tiempo (22 hs 45 min al día) debe establecerse el enlace en el 90 % de los lugares de una corona circular situada sobre la circunferencia de 15 Km de radio.

El radio de cobertura de una estación base, tiene una marcada dependencia de la altura media de la antena de esta base, respecto al terreno circundante, por lo tanto, son muy buscados los lugares altos para instalar este tipo de estaciones. Muchas veces se logra un mayor alcance incrementando la altura de la antena, que utilizando mayor potencia en el transmisor.

En el otro extremo del enlace, tenemos una reducida altura de antena (móvil) y muchas veces no son visibles desde la estación base, no obstante la comunicación es posible debido a las reflexiones y difracciones de las ondas. Este tipo de propagación se denomina "propagación multicamino" la que será descripta mas adelante.

2.2.2-Clasificación

A los sistemas móviles convencionales, se los puede clasificar según numerosos criterios. Se puede decir que los más usuales son:

    ✓ Por el tipo de entorno donde se desarrolla:
        Terrestre
        Marítimo
        Aeronáutico

✓ Por el tipo de aplicación o conexión:
   Sistema No conectado a la red telefónica PMR
   Sistema, SI conectado a la red pública PMT

✓ Por la banda de frecuencia utilizada:
   Banda de VHF
   Banda de UHF
   Banda de SHF

✓ Por la modalidad de explotación.
   Sistemas Simples
   Sistemas Semi-duplex
   Sistemas Duplex.

✓ Por la técnica de multiacceso
   Sistemas FDMA
   Sistemas TDMA
   Sistemas CDMA

✓ Por el tipo de modulación
   Sistemas analógicos
   Sistemas digitales

Se describirán solo algunas de las clasificaciones, ya que otras se consideran conocidas por el lector.

2.2.2.1-Por la modalidad de explotación.

2.2.2.1.1-Sistemas símplex.

La transmisión y la recepción se efectúa en un sentido cada vez, para hablar se debe accionar el botón denominado PTT, "Push To Talk".

Dentro de los sistemas símplex se encuentran los que **funcionan a una frecuencia o a dos frecuencias.** En los primeros, existe una alta probabilidad de captura de la comunicación por parte de otra estación, sin embargo, permiten la comunicación entre móviles, sin pasar por la base.

En cambio, los sistemas que utilizan dos frecuencias ofrecen una mayor protección a la interferencia co-canal pero obligando a que todas las comunicaciones pasen necesariamente por la estación base, al no poder los móviles hablar entre sí.

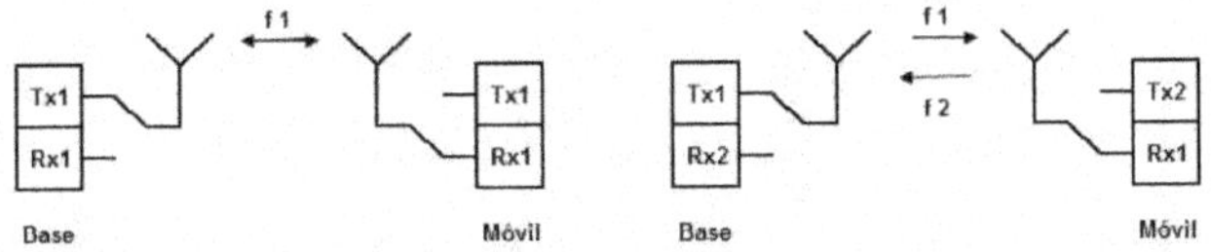

Figura 2.4

2.2.2.1.2-Sistemas semi-dúplex.

Este sistema utiliza para Tx y Rx frecuencias diferentes- Es una mejora del sistema símplex a dos frecuencias, donde se incorpora un duplexor a la estación de base, la que funciona en dúplex retransmitiendo las comunicaciones que recibe y los móviles lo hacen en símplex.

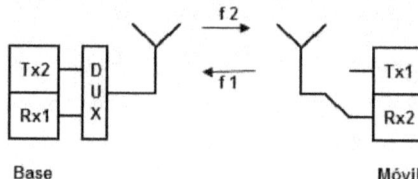

Base   **Móvil**

Figura 2.5

2.2.2.1.3-Sistemas dúplex.

En estos sistemas la estación base transmite en una frecuencia f1 y recibe en una frecuencia f2 mientras que el móvil lo hace a la inversa. Tanto la estación base como el móvil disponen de duplexor lo que permite la transmisión y recepción en forma simultánea. En este sistema no es posible tampoco la comunicación directa móvil - móvil, sin pasar por la estación base. La implementación de estos sistemas resulta más onerosa y compleja que la de los anteriores.

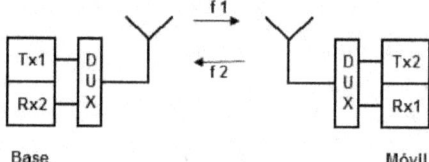

Base   **Móvil**

Figura 2.6

La información vía radio multicanales, se mueve en modo dúplex, lo que significa que para cada canal en una dirección, tendremos una respuesta proveniente de la otra dirección

2.2.2.2-Por la técnica de multiacceso.

Si el número de canales disponibles para todos los usuarios de un sistema de radio, es menor que el número de los posibles usuarios, entonces a ese sistema se le llama *sistema de radio truncado*, este es un proceso por el cual los usuarios participan de una cantidad de canales en forma ordenada. La compartición de canales funciona, debido a que la probabilidad de que todos los que integran la red, quieran ocupar un canal al mismo tiempo es muy baja.

Por ejemplo, los sistemas de telefonía móvil, es un sistema de radio truncado, porque hay menos canales que abonados que quieran usar el sistema al mismo tiempo. El acceso se garantiza dividiendo el sistema en uno o más de sus dominios: frecuencia, tiempo, espacio o codificación.

2.2.2.2.1-Acceso Múltiple por División en Frecuencia (FDMA)

FDMA (Frecuency Division Multiple Access) es la manera más antigua y común de acceso truncado. Un sistema con FDMA, le asigna al usuario que lo requiere, un canal de un conjunto limitado de canales ordenados en el dominio de la frecuencia. Cuando el número de usuarios que solicitan acceder, es mayor que la cantidad de canales que el sistema dispone, se bloquea el acceso al mismo.

Hay una relación directa, cuantos más canales de frecuencias se disponen, más usuarios hay, y esto significa que habrá más señalización a través del canal de control. Los sistemas muy grandes en FDMA cuentan con más de un canal de control, quitando canales para el tráfico.

Una característica importante de los sistemas FDMA es que una vez que se le asigna un canal de frecuencia a un usuario, al mismo lo utiliza exclusivamente él, hasta que determine que ya no necesita el recurso (Conmutación de circuito).

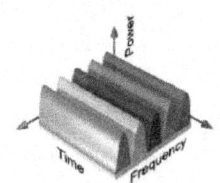

2.2.2.2.2-Acceso Múltiple por División en el Tiempo (TDMA)

TDMA (Time Division Multiple Access) es una técnica de acceso muy común en los sistemas de telefonía fija y un concepto bastante antiguo en los sistemas de radio, los usuarios acceden a un canal de acuerdo con un esquema temporal.

Los sistemas TDMA, transmiten por ráfagas, el usuario, va acumulando información, para luego transmitirla de golpe en el intervalo de tiempo que le es asignado. El almacenamiento de información, solo puede hacerse en forma de bit, lo que implica que en este método de acceso, han de usarse datos como modulaciones digitales. Los sistemas que emplean técnicas TDMA, siempre se usan sobre una estructura FDMA, Un sistema puro TDMA tendría sólo una frecuencia de operación, y no sería un sistema útil.

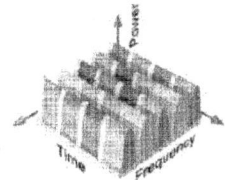

En los sistemas modernos de telefonía móvil, el uso de TDMA está relacionado íntimamente con las técnicas de compresión de voz utilizadas, que permiten a múltiples usuarios compartir un canal común utilizando un orden temporal. La codificación de voz moderna, reduce mucho el tiempo que se emplea en transmitir estos mensajes, eliminando la redundancia y los periodos de silencio en las comunicaciones vocales y de esta manera, otros usuarios pueden compartir el mismo canal durante los periodos en que éste no se utiliza.

2.2.2.2.3-Acceso Múltiple por División de Código (CDMA)

CDMA (Code Division Multiple Access) es un término genérico para definir cualquier método de multiplexación o control de acceso al medio basado en la tecnología de espectro ensanchado *(spread spectrum)*. Habitualmente se lo utiliza en redes inalámbricas.

El concepto de "espectro ensanchado" se basa en el empleo de códigos para obtener una secuencia directa, saltos en frecuencia o una combinación de ambos logrando repartir la energía transmitida durante una comunicación en todo el rango de frecuencias disponible. En el otro extremo, el receptor capta el conjunto de transmisiones existen-

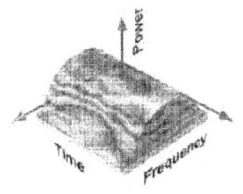

te y selecciona la de interés mediante el uso de códigos ortogonales, o bien seleccionando el canal en que se haya producido la comunicación si el esquema emplea saltos en frecuencia.

El término CDMA, sin embargo, suele utilizarse popularmente para referirse a una interfaz de aire inalámbrica de telefonía celular desarrollada por Qualcomm y aceptada posteriormente como estándar por la TIA bajo el nombre IS-95 (o, según la marca registrada por Qualcomm, **cdmaONE**).

2.2.3-Sistemas troncalizados

Los sistemas móviles PMR o sistemas trunking, se pueden considerar convencionales aún cuando se los asocia a la familia de la telefonía móvil. La diferencia principal con los sistemas GSM, que veremos posteriormente, es que el servicio se ofrece a un grupo cerrado de usuarios y por tanto **son redes privadas**.

La técnica de troncalización está basada en el principio de compartir un número reducido de enlaces de comunicación entre un gran número de usuarios. De esta forma, es posible proveer un grado de servicio aceptable, considerando que la probabilidad de que todos estos usuarios intenten el acceso a los enlaces de comunicación al mismo tiempo, es muy pequeña.

Las compañías de teléfonos fueron las primeras en aplicar el concepto de troncalización, al asignar enlaces dedicados entre centrales telefónicas para conectar los abonados de ambas centrales. Al terminar la conversación, la línea troncal queda disponible para ser utilizado por otro enlace.

Debido a la eficiencia inherente del concepto de troncalización, éste se aplicó a los sistemas de radio, permitiendo de esta manera una mejor utilización de los canales de frecuencia. Bien sabemos que el espectro de radio a nivel mundial está congestionado, entonces el crecimiento dinámico de las comunicaciones móviles privadas se puede afrontar con este sistema.

Cada estación de radio base, transmite una señal de control en un canal determinado y a la vez se dispone de canales de "tráfico" por donde se comunican los distintos usuarios. Cuando no está en uso la unidad de radio móvil se sintoniza automáticamente en el canal de control y así puede acceder o ser accedido por el computador del sistema en cualquier momento.

Cuando el usuario desea hacer una llamada, la unidad transmite la solicitud en forma de una señal de datos y el ordenador encuentra al corresponsal deseado por el usuario: Mediante el canal de control, verifica si el destinatario desea recibir la llamada, y así cuando la persona que llamó y la que es llamada, están listas para comunicarse, el ordenador asigna el primer canal de "tráfico" disponible.

Al finalizar la comunicación, cualquiera de los interlocutores puede dar por terminada la llamada, enviando una señal para dejar libre el canal.

2.2.3.1-Características para el usuario

- Conversación bidireccional entre usuarios.
- Transmisión de Datos de Control.
- Llamadas de conferencia.
- Transferencia de llamadas.
- Régimen de espera automático hasta que se dispone de un canal.
- Llamadas prioritarias y de urgencia.
- El usuario puede llamar a números de PABXs ó PSTNs.
- Presentación de "llámeme" cuando la unidad no está atendida.
- Posibilidad de llamar a:
    - Unidades individuales de radio
    - Un grupo de unidades.
    - Todas las unidades en el sistema.

2.2.3.2-Características para el sistema

- Gran capacidad – de acuerdo al estándar
- Distintos tipos de canales:
    - canal dedicado de control

  o canal flotante de control

  o canal de tráfico.

- Controles de prevención de embotellamiento de tráfico
- Prevención de interferencia.
- Ubicación y registro automático del abonado.
- Liberación automática de los canales de tráfico cuando se termina la llamada.
- Verificación periódica de números de serie para la seguridad del abonado.
- Normas diseñadas para apoyar cualquier tamaño de sistema, desde redes locales hasta internacionales.

2.3-Comunicaciones con cobertura celular

El concepto de cobertura celular fue un gran avance en la resolución del problema de la **congestión espectral** a la vez que permitió un aumento en la **capacidad del sistema** para prestar servicio.

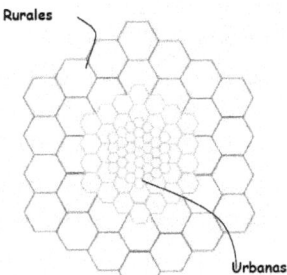

Figura 2.7

La idea consiste en dividir el área geográfica en células ò celdas, normalmente hexagonales, de mayor o menor tamaño, donde cada una de ellas, es atendida por una estación de radio base, adecuada a la zona de cobertura que le corresponde. A cada una de estas estaciones, se le asigna una porción del número total de canales disponibles en el sistema completo, y a las estaciones cercanas se les determina diferentes grupos de canales siempre cuidando de evitar interferencias entre células próximas.

Espaciando sistemáticamente las estaciones base y sus grupos de canales se logra una distribución de frecuencias que pueden ser **reutilizadas** tantas veces como sea necesario, siempre que la interferencia entre estaciones con el mismo canal se mantenga por debajo de niveles predeterminados.

Otra ventaja de estos sistemas, consiste en la predisposición para adaptarse a procesos de fragmentación de la célula, esto se hace necesario cuando la calidad del servicio disminuye como consecuencia del aumento del tráfico. En ese caso, las células afectadas son subdivididas en otras menores, con transmisores de menor potencia, con lo cual mejora el servicio. Así en un mismo sistema coexisten células de muy diversos tamaños, macro células, micro células y pico células.

En este principio se fundamentan todos los modernos sistemas de comunicaciones telefónicas móviles, y en particular de GSM, que será el estándar que describiremos.

2.3.1-Rehúso de frecuencias

Al proceso de diseñar, seleccionar y colocar grupos de canales en todas las estaciones base dentro de un sistema, se le llama **reutilización de frecuencias o planificación de frecuencias.**

La reutilización de frecuencias no es posible en células contiguas, pero si se puede hacer en otras mas alejadas. El número de veces que un canal puede ser reutilizado es mayor cuanto mas pequeñas sean las células.

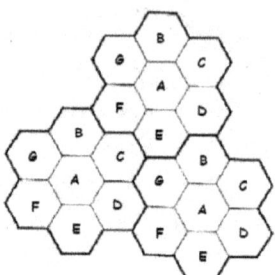

Figura 2.8

Entonces, cuando se habla de una red celular, se hace referencia a un conjunto de estaciones base desplegadas en el territorio a cubrir por el servicio y que conectadas entre si o con centro de conmutación, tiene acceso a la red telefónica publica, a la RDSI o a otra red de telefonía celular.

La figura 2.8, ilustra el concepto de reutilización de frecuencias, donde las celdas con la misma letra hacen uso del mismo grupo de canales.

Tal como se puede ver, al graficar una celda se hace uso de una figura hexagonal. Si consideramos un radio de cobertura **R** fijo, nos encontraremos que el hexágono es el polígono regular que presenta una mayor superficie de célula, más que los cuadrados y los triángulos, entonces, el número de células necesarias para cubrir un territorio seria mínimo.

Las celdas circulares no son válidas, ya que sus bordes no se solapan, quedando zonas sin cubrir (zonas de silencio); y si se solapan, se producirían interferencias entre canales. Es importante aclarar lo siguiente:

La celda hexagonal es solo una herramienta de diseño y planificación.

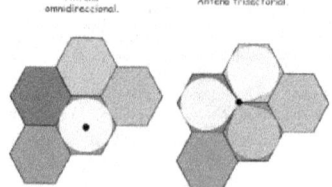

Figura 2.9

La cobertura real de una estación base asociada a cada celda se conoce como *huella* ("footprint") y queda determinada por las condiciones reales de propagación llámese relieve del terreno, urbanización de la zona, etc como así también por las características de potencia y sensibilidad de los extremos terminales del enlace. Más adelante, se verá como determinar el radio **R**, utilizando un método para tal fin.

Al usar hexágonos para modelar las áreas de cobertura, los transmisores de las estaciones base pueden estar, en el centro de las celdas usando antenas omnidireccionales o bien en tres de las esquinas usando antenas sectoriales.

Para comprender el concepto de reutilización de frecuencia, consideremos un sistema celular que tenga un total de **T** canales dúplex disponibles para su utilización, en un conjunto de **J** celdas. Sencillamente, en cada una de ellas, se colocará un grupo de **k** canales

$$k = \frac{T}{J} \qquad de \quad otra \quad manera \qquad T = k \,.\, J$$

A las **J** celdas que usan el conjunto completo de frecuencias disponibles, se les llama **cluster**, la determinación del número J ya lo veremos con más detalle. Ahora analicemos desde el punto de vista de la cobertura. Si el número de celdas que conforman el cluster se reduce, mientras que el tamaño de la celda permanece constante, se requerirán más clusters para cubrir un área dada y por tanto se logra así una mayor capacidad.

Cuanto mayor sea **J**, mayor va a ser la distancia entre estaciones base con el mismo grupo de canales, menor será su interferencia, pero la capacidad del sistema será menor también.

Desde un punto de vista del diseñador, es deseable usar el valor más pequeño posible, de **J** para maximizar la capacidad dentro de un área de cobertura.

Si un cluster se repite **M** veces dentro de un sistema, en la Figura 2.8 se repite 3 veces, entonces podemos obtener el número **C** que representa el total de canales dúplex disponibles, dando un valor de la capacidad del sistema:

$$C = M \,.\, k \,.\, J = M \,.\, T$$

2.3.2-Razón de protección:

Para que en celdas distintas puedan reutilizarse los mismos canales, es necesario que las celdas estén separadas una distancia **D**, denominada distancia de reutilización o distancia co-canal, que garantice un valor mínimo en la razón portadora a interferencia (C/I). Esta es la disposición de dos cluster contiguos, podemos hacer una ampliación de las celdas con el número uno y de esta forma, determinar el valor de la relación Portadora – Interferencia a la que está expuesto un usuario ubicado en el punto a **A** límite de una de ellas.

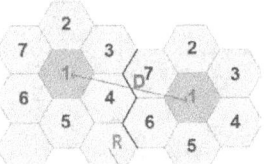

Figura 2.10

Veamos gráficamente un ejemplo sencillo, fijando como parámetro, que ambas estaciones base emiten la misma potencia **Pt** y que poseen un patrón de radiación omnidireccional en el plano horizontal.

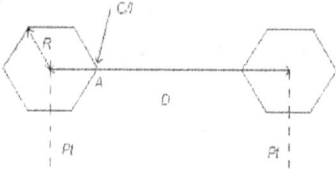

Figura 2.11

Además estamos considerando que la ley de propagación sigue la expresión $L_b = Kd^n$; donde L_b es la pérdida del trayecto, d es la distancia entre el transmisor y el receptor y K y n son parámetros típicos del mecanismo de propagación, entonces la potencia de la portadora (P) y la interferencia (I) producida por la celda co-canal adyacente en el mismo punto A, será:

$$C = \frac{P_t}{K\,R^n} \quad (1) \qquad\qquad I = \frac{P_t}{K\,(D-R)^n} \quad (2)$$

Entonces combinando (1) y (2)

$$C\!\big/\!_I = \left(\frac{D}{R} - 1\right)^n \qquad (3)$$

y tomando en cuenta que D>> R se obtiene:

$$C\!\big/\!_I = \left(\frac{D}{R}\right)^n \qquad (3a)$$

El valor mínimo de (C/I) para garantizar la calidad adecuada se denomina **razón de protección** (Rp) y depende no solamente de D sino también del tamaño de la celda R. En la medida que se reduce R, se puede disminuir D y se incrementa el re-uso de la frecuencia.

En GSM, la razón de protección debe estar por encima de los siguientes valores para tener un nivel de calidad que represente tener una buena comunicación.

Cocanal	Adyacente	2º canal adyacente	3º canal adyacente
C/Ic = 9 dB	C/Ia = - 9 dB	C/Ia = - 41 dB	C/Ia = - 49 dB

Para planear el cubrimiento celular se utiliza lo que se denomina retícula de planificación que consiste de un sistema de coordenadas oblicuas con ángulo de 60 grados. Las estaciones bases se ubican en los puntos de intersección denominados nodos. En la Figura 2.12 se muestra un ejemplo de una retícula de planificación.

Los lados del hexágono son perpendiculares a los ejes (i, j) y la apotema es igual a la mitad de la distancia **d** entre nodos consecutivos. Esta distancia **d** se denomina paso de la retícula. La relación entre d y R puede calcularse con:

$$d = 2R\cos 30° = R\sqrt{3} \qquad (4)$$

Aplicando la ley de los cosenos, la distancia al origen de coordenadas, desde un punto arbitrario de coordenadas (id, jd) es:

$$D^2 = (id)^2 + (jd)^2 - 2(id)(jd)\cos 120° \qquad (5)$$

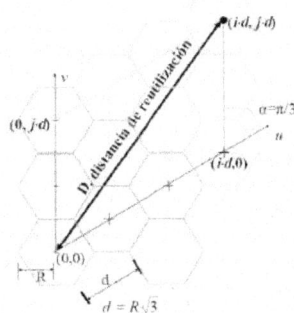

Figura 2.12

Agrupando términos se llega a:

$$D^2 = d^2 (i^2 + j^2 - i \cdot j) \qquad (6)$$

Dando valores enteros a i y j, la combinación $i^2 + j^2 + i \cdot j$ también será un valor entero que denominaremos J ó número rómbico ya que si se unen 4 nodos separados una distancia D se formaría un rombo.

Si la celda separada de la celda de referencia se toma como celda co-canal, entonces D es la distancia de reutilización y el rombo mencionado anteriormente se denomina rombo co-canal.

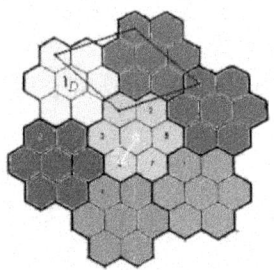

Figura 2.13

Comunicaciones Móviles y Redes Inalámbricas

Veamos ahora el significado de J.

El área del rombo co-canal y el área de cada celda hexagonal es:

$$A_{rombo} = \frac{D^2\sqrt{3}}{2} \quad (7) \qquad A_{celda} = \frac{3\sqrt{3}}{2}R^2 \quad (8)$$

Haciendo el cociente entre la ecuación 7 y la 8 se obtiene:

$$Area_{rombo}\Big/Area_{celda} = \frac{1}{3}\left(\frac{D}{R}\right)^2 \quad (9)$$

Por la definición de J

$$J = i^2 + i\cdot j + j^2 = \left(\frac{D}{d}\right)^2 \quad (10)$$

Sustituyendo (4) en (10) se obtiene:

$$J = \frac{1}{3}\left(\frac{D}{R\sqrt{3}}\right)^2 = \left(\frac{D}{R}\right)^2 \quad (11)$$

Comparando (11) y (9) se llega a la conclusión de que en el rombo caben exactamente J celdas y a este grupo de celdas se le denomina **racimo** (cluster en inglés).

Tomemos por ejemplo un racimo de siete celdas, es decir que J=7, si cada una de ellas tiene un radio R =3 Km, entonces, la distancia de reutilización de frecuencia D es de 13,74 Km

2.3.3 - Cobertura en comunicaciones celular

Bajo el mismo concepto de **área de cobertura** dado anteriormente para las comunicaciones convencionales, este es también el primer parámetro en que se piensa al diseñar una red de comunicaciones celulares: ¿Cuál es la zona donde se necesita dar servicio de telefonía a los terminales móviles?

La próxima pregunta a responder es ¿Cuál es el número de células necesarias? y la respuesta no solo debe considerar el territorio que se pretende cubrir, sino que estará íntimamente relacionado con el número de móviles que se debe atender.

Hay que entender claramente, que el número de comunicaciones que una estación soporta en forma simultánea no es ilimitado, si dentro de la zona a prestar servicio, se espera una mayor densidad de terminales, como puede ser el caso de la realización de algún festival, será preciso establecer allí un mayor número de estaciones con el propósito de que estos terminales se repartan entre las bases.

Qué hacen los prestadores? Si la zona normalmente está cubierta por una celda, que da servicio a la pequeña población y a los eventuales usuarios, cuando se produce ese evento que congrega a mayor cantidad de personas, deben reorganizar sus redes, colocando estaciones bases en tráiler a fin de proporcionar el servicio que se les requiere, y no con esto están ampliando la cobertura.

Dividiendo el área a cubrir, incorporando más células de menor tamaño, se logra una mayor cantidad de canales ya que se está reutilizando las frecuencias. Desde el punto de vista de la cobertura, el espacio a cubrir por cada celda va a estar limitada por las interferencias; es decir, el diseño se hará de forma tal que las células que utilizan los mismos canales de radio emitan a una potencia suficientemente baja para no interferirse entre sí y, a su vez, no interferir a los móviles a los que están dando servicio. En definitiva, el máximo alcance de una célula sólo se podrá conseguir en lugares de poca densidad de tráfico, que no son los más adecuados para este tipo de sistemas.

Debido a las características particulares del trayecto radioeléctrico, únicamente puede hablarse de cobertura en sentido estadístico, en el próximo capítulo se tratará este aspecto. Esto implica que, las áreas que se representan teóricamente cubiertas, lo están en un determinado porcentaje de ubicaciones y de tiempo. Existen gráficas, obtenidas de medidas empíricas sobre propagación, que muestran las correcciones en atenuación que se deben realizar para calcular correctamente el área de cobertura de una estación base, así como la probabilidad de cobertura asociada a dichas correcciones.

3
Caracterización del canal móvil

3.1-Conceptos iniciales

El estudio de la transmisión en sistemas móviles requiere, como paso previo y fundamental, caracterizar el medio de propagación, es decir, establecer cómo se comporta el canal radio móvil. En la práctica, el comportamiento de estos canales, están entre los peores de las radios comunicaciones terrestres.

Si se presta atención a los distintos escenarios donde se desarrollan las comunicaciones entre una estación base y un móvil, se verá que en estos, aparecen lomas, montañas, edificios, vehículos, personas, etc. que influyen en la propagación radioeléctrica de distintas maneras.

Ante esta realidad, cabe suponer que en las antenas del móvil ó de la estación base, se recibirán señales en forma directa ó múltiples réplicas de la señal trasmitida, las que en su trayectoria, habrán sufrido procesos de reflexión, difracción, o dispersión, haciendo que lleguen a destino atenuadas, con ángulos de incidencia, retardos y desfasajes distintos unas de otras.

El movimiento del móvil y el de los elementos de su entorno, hace que las características del canal estén variando aleatoriamente en función del tiempo y de esta manera, las contribuciones de la señal recibida en los distintos instantes, pueden ocasionar interferencias constructivas en unos casos y destructivas en otros. Esto provoca que la potencia de la señal recibida no sea constante, sino que varíe temporalmente, produciendo *desvanecimientos ó fading*.

3.2-Radio propagación móvil

Para iniciar el estudio del canal, consideremos que tenemos una estación base que emite una portadora sin modular del tipo:

$$x(t) = E \exp(j2\pi f_c t)$$

Y una segunda consideración, es que mantendremos estático todo el entorno, en el trayecto estación base – móvil.

En el receptor se recibirá una señal, que estará conformada por múltiples contribuciones, (a este efecto se lo denomina *multicamino o multipath)* y es producto de las reflexiones que se producen, donde cada una de ellas llega con ángulos de incidencia y retardos propios, debido a que los elementos difusores y/o dispersores están presentes, aunque quietos, por lo tanto, la señal recibida será una sumatoria de la forma:

$$r(t) = \sum_{i=1}^{N} E_i \; x(t - \tau_i)$$

Donde **N** es el número de contribuciones que llegan al receptor, **E**$_i$ es un número complejo cuyo módulo y fase representa el resultado de las reflexiones y difracciones de la contribución i-ésima y **t**$_i$ representa el retardo de esta contribución.

Si reemplazamos la portadora en la señal que llega al receptor, se recibirá lo siguiente:

$$r(t) = \left[\sum_{i=1}^{N} E_i \exp(-2\pi.f_c.\tau_i) \right] \exp(j.2.\pi.f_c.t)$$

Podemos observar, que esta señal, es invariante en el tiempo y esto es así, porque fue considerado un canal estático (móvil y difusores quietos) aún cuando se hace presente el multicamino.

Dejando ahora las condiciones iniciales impuestas, nos acercaremos a la realidad, donde el propio terminal móvil y los elementos que constituyen el entorno del canal, (esos que provocan el efecto multicamino) pueden estar en movimiento. En esta situación, la señal recibida en el móvil adoptará la expresión:

$$r(t) = \left[\sum_{i=1}^{N(t)} E_i(t) \exp(-2\pi.f_c.\tau_i(t)) \ \exp(j.k.v.t.\cos(\theta_i)) \right] \exp(j.2.\pi.f_c.t)$$

En la ecuación anterior, vemos que la cantidad de contribuciones N, la amplitud de cada una de ellas E_i, y el retardo de propagación t_i tienen una variación temporal. Así también, interviene un factor **k**, que se denomina número de onda y es igual a **2p/?**, la velocidad del móvil es **v** y el ángulo que forma la dirección de avance del móvil con la dirección de la llegada de la contribución i-ésima es **?i**. Todas estas variable, tienen su particular efecto a la hora de determinar el comportamiento del canal móvil.

3.2.1-Sumas y restas de fases

Consideremos que N=2, es decir que solo dos ondas llegan al receptor, y lo hacen con amplitudes E_i y fases **?i** aleatoriamente distribuidas las que se combinan para dar una señal resultante que varía en el tiempo y en el espacio. Por lo tanto, un receptor en una localización dada, puede tener una señal que sea muy diferente de la que recibiría en otro lugar muy próximo. La figura 3.1, muestra como la diferencia en las fases de las ondas de radio entrantes, ocasiona fluctuaciones significativas en la amplitud de la señal. Es a este fenómeno que se presenta en el nivel de señal recibida al que se llama **desvanecimiento ó fading.**

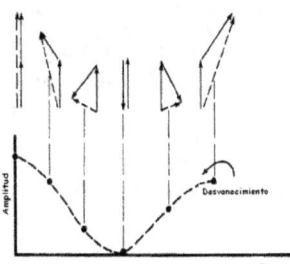

Figura 3.1

3.2.2-Efecto Doppler

Consideremos ahora otro aspecto, que está relacionado con la movilidad y más aún, con la velocidad con que lo hace el móvil. En las figuras 3.2 y 3.3 se muestran las señales recibidas, la primera cuando el móvil se traslada a 5 Km/h y la segunda cuando lo hace a 100 Km/h, en ambas se puede ver las variaciones que se producen en el módulo y la fase en función del tiempo.

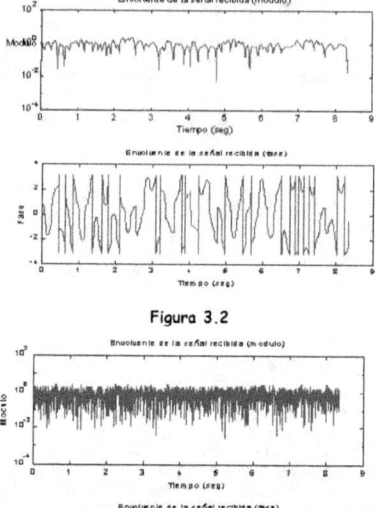

Figura 3.2

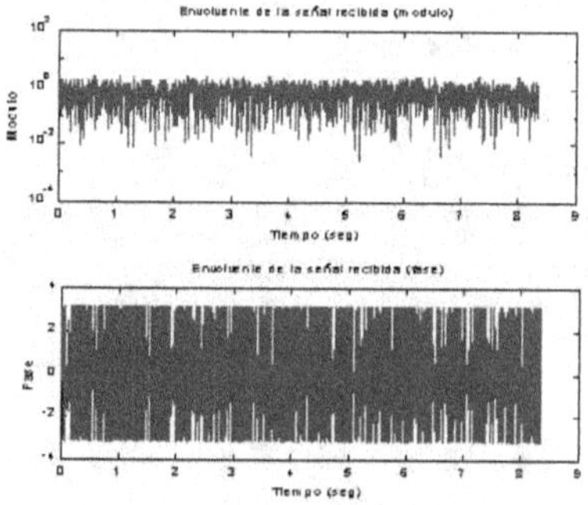

Figura 3.3

Estos gráficos, muestran lo que acontece en el canal, desde el punto de vista temporal, si ahora se estudia el espectro de la señal recibida, se observará que la variabilidad del canal móvil también tiene su repercusión en el dominio de la frecuencia.

Para ilustrar la afirmación anterior, la figura 3.4 muestra un móvil que se desplaza desde el punto **A** al **B** con una cierta velocidad *v.* y se emite una señal desde el punto **S.** La variación de la distancia es $d = v \cdot \Delta t$ y desde el punto de vista trigonométrico, la variación en la longitud del trayecto de la señal es $\Delta L = d \cdot \cos\phi$

De donde el cambio de fase es:

$$\Delta\phi = -k \cdot \Delta L = -\frac{2\pi \cdot d \cos\varphi}{\lambda}$$

$$\Delta\phi = -\frac{2\pi \, v \cdot \Delta t}{\lambda}\cos\varphi$$

31

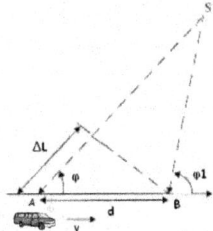

Figura 3.4

Para llegar a la variación de frecuencia tenemos:

$$\omega = -\frac{\Delta\phi}{\Delta t}$$

$$2\pi . f_d = -\frac{\Delta\phi}{\Delta t}$$

$$f_d = -\frac{1}{2\pi}\frac{-\Delta\phi}{\Delta t}$$

$$f_d = \frac{v}{\lambda}\cos\varphi$$

Las figuras 3.5 a y b grafican el ensanchamiento del espectro de los dos ejemplos anteriores para velocidades de 5 km/h y 100 km/h.

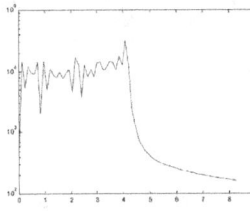

Figura 3.5 a   **Figura 3.5 b**

Podemos verificar con valores lo que muestra la figura 3.5 b, para esto, sabemos que el móvil viaja a 100 Km/h en la misma dirección que la señal emitida, cuya frecuencia es de 900 MHz.

$$v = 100\frac{1000}{3600} = 27,77\,{}^m\!/_s\; ; \qquad \lambda = \frac{300}{900} = 0,333$$

$$f_{dMAX} = \frac{v}{\lambda}\cos 0^0 = \frac{27,77}{0,333} = 83,39 Hz$$

Aún cuando solo hemos considerado una portadora sin modular, se verifica que se produce un ensanchamiento frecuencial denominado efecto Doppler.

3.2.3-Consideraciones

Se ha descripto solo, como varían algunos parámetros y en casos se ha considerando la interrelación de tan solo dos señales del efecto multicamino. Así pues, se ejemplificó que los desvanecimientos temporales, producen, en el dominio frecuencial, un cierto ensanchamiento de la señal, cuyo desplazamiento máximo dependerá de la velocidad del móvil. En este caso se dice que el canal es *dispersivo en frecuencia*.

En lo visto, también se caracterizó el canal móvil, describiendo las variaciones del módulo y la fase de la señal recibida, cuando se emite una portadora sin modular, con lo cual se puede decir que hemos considerado el canal en *banda estrecha*. En la realidad, cuando se transmite por un canal móvil, las componentes espectrales, ocupan un ancho de banda finito y el estudio desde el punto de vista de señales es de *banda ancha.*

Tomando estas dos definiciones, se puede decir que si el ancho de banda de la señal que se emite, es estrecho, todas las componentes de frecuencia dentro del mismo se comportarán de igual manera y se habla de *"desvanecimiento plano"*, el ancho de banda dentro del cual, las componentes espectrales se ven afectadas por igual debido al multicamino, se denomina *"ancho de banda de coherencia"*.

A medida que aumenta la separación entre las frecuencias, el comportamiento de una empieza a estar cada vez más incorrelado con el de la otra, debido a la diferencia de fase con que llegan al receptor, (distintas longitudes de los caminos) incluso, la diferencia puede ser de varios radianes, para frecuencias próximas. Entonces, el espectro de las señales de ancho de banda grande, se verá distorsionado por efecto del multicamino, este efecto es conocido como *"desvanecimiento selectivo"* y aparece como una variación del nivel de la señal recibida en función de la frecuencia.

Considerando otros aspectos desde el punto de vista del desplazamiento del móvil, la intensidad de la señal se verá modificada por lo que se denomina *"desvanecimiento lento"* este efecto se produce principalmente por *ensombrecimiento ó shadowing* cuando el móvil transita por terrenos donde se presentan imperfecciones, arboledas o elementos que obstaculicen el enlace. Y en contrapartida, se tiene el *"desvanecimiento rápido"* el cuál varía sobre distancias del orden de media longitud de onda, debido principalmente al *multicamino o multipath*.

3.3-Caracterización estadística del canal móvil

Predecir el nivel de señal que se recepcionará en un área de cobertura determinada, no es una tarea simple, involucra conocer además de la frecuencia de funcionamiento, la naturaleza del terreno, la magnitud de la urbanización, las alturas de las antenas y varios otros factores que influyen en la propagación.

Es más, dado que por lo general, los desplazamientos de los móviles se producen en una forma aleatoria por terrenos irregulares, o entre construcciones, es poco realista seguir un exacto análisis determinista a menos que se tenga una muy exacta descripción del terreno y se disponga de una moderna como actualizada base de datos del medio ambiente.

Las imágenes de satélite y otras técnicas similares están ayudando a crear tales bases de datos y su disponibilidad, hace factible el uso de algunos métodos de predicción específicos. Sin embargo, en la actualidad para la mayoría de los casos, se obtiene una buena predicción, haciendo uso de la estadística en comunicaciones.

La figura 3.6, muestra el nivel de señal, que llega al receptor a través de un canal móvil, en ella se distinguen los distintos tipos de variaciones que se presentan, diferenciadas por la longitud del recorrido considerado.

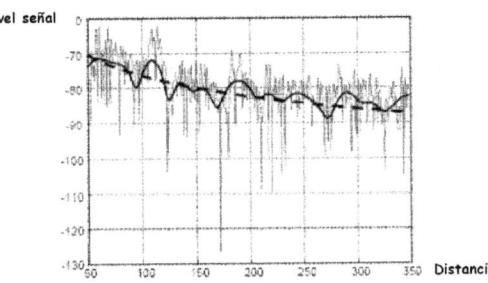

Figura 3.6

En primer lugar, se visualizan **desvanecimientos lentos**, sobre una pendiente determinada, también se los denomina **large-scale fading** y es el resultado de los cambios físicos del medio por donde se desenvuelve el móvil, montado sobre la atenuación de trayecto que es función de la distancia.

Otras variaciones que se puede ver, son **desvanecimientos rápidos**, producto del multicamino, en torno a los anteriores que ofician de media local. A este tipo de efecto se lo conoce con el nombre de **small-scale fading**, alcanzando valores de desvanecimientos de 20 a 40 dB.

La separación entre estos dos desvanecimientos, no es una tarea fácil desde el punto de vista teórico. Dar cifras de longitudes de recorridos, para distinguir entre los dos fading, es generalizar demasiado, sin embargo, el análisis de una campaña de mediciones dice que para recorridos de longitudes en el rango de 20 ? a 40 ?, es cuando aparece el efecto *small-scale fading*.

3.3.1-Desvanecimientos lentos

El análisis de los desvanecimientos lentos, está relacionado con la predicción del valor medio de la señal, (pendiente) como una función de la distancia **d** entre Tx – Rx aún cuando la separación entre ellos sea de decenas, centenas o miles de metros.

Si bien en el capítulo siguiente se presentarán distintos modelos, que contemplan contextos más complejos con múltiples trayectorias y obstáculos, a modo de simplicidad, se muestra el modelo **d^n**. Donde se tiene en cuenta la disminución de la densidad de energía que experimenta la onda electromagnética en su trayecto, al cual se le sumará otro aspecto, como es la pérdida de energía debido a la interacción de esta onda con el ambiente donde se propaga.

3.3.1.1-Modelo d^n de atenuación de trayecto.

El modelo **d^n** predice el valor medio de la atenuación de trayecto, ponderado en dB como función de la separación **d** entre emisor- receptor. La ecuación que lo verifica es:

$$\overline{L}(d) = \overline{L}(d_0) + 10\, n \log\left(\frac{d}{d_0}\right) \quad (dB)$$

donde $\overline{L}$ (d_0) es la media de la atenuación de trayecto en dB para una distancia de referencia d_0 y **n** es el cuantificador "exponente de la atenuación de trayecto". Note que cuando n = 2, la pérdida de trayecto es igual a la atenuación de espacio libre, allí se produce una pendiente de caída de la señal igual a 20 dB por cada década de distancia.

34

Típicamente, d_0 es una distancia de referencia que se elige de 1 m para los ambientes interiores y 100 m ó 1 Km en los ambientes al aire libre, es un punto localizado dentro del campo lejano de la antena, y donde sean despreciables, desde el punto de vista de la propagación, los efectos de multi-camino y difracción. En resumen, es un lugar donde la atenuación se aproxima a la de espacio libre.

Si no se posee información explícita de la señal reciba a la distancia d_0, $\overline{L}$ (d_0), puede medirse o pue-de estimarse a través de:

$$\overline{L}(d_0) = 20 \log\left(\frac{4\pi d_0}{\lambda} \right) \quad (dB)$$

El exponente de la atenuación de trayecto, **n**, es una constante empírica que generalmente es pon-derada, lo que no quita que pueda ser derivada en algunos ambientes en forma teórica, consideran-do la propagación del canal de radio. La tabla 3.1 muestra los valores típicos de **n** en los ambientes al aire libre,

Entorno	Exponente de atenuación de trayecto n
Espacio Libre	2
Área Urbana Celular	2,7 a 4,0
Ensombrecimiento Urbano Celular	3 a 5
LOS en Edificios	1,6 a 1,8
Obstrucción en Edificios	4 a 6
Obstrucción en Fábricas	2 a 3

Tabla 3.1

Consideremos un ejemplo en la frecuencia de 900 MHz, donde valuaremos el nivel medio de la ate-nuación de trayecto para 1 Km y en dos casos particulares, uno en espacio libre, y otro considerando un ambiente urbano estándar.

$$\lambda = \frac{300}{900} = 0,333$$

1 – En espacio libre, corresponde un valor de n = 2 y se considera d_0 = 100 m.

$$\overline{L}(d_0 = 100m) = 20\log\left(\frac{4\pi.d_0}{\lambda} \right) = 20\log\left(\frac{4\pi.100}{0,3333} \right) = 71,52 \ dB$$

$$\overline{L}(d) = \overline{L}(d_0) + 10.n.\log\left(\frac{d}{d_0} \right) = 71,52 + (10)(2)\log\left(\frac{1000}{100} \right) = 91,52 \ dB$$

2 – En ambiente urbano, corresponde un valor de n = 4

$$\overline{L}(d) = \overline{L}(d_0) + 10.n.\log\left(\frac{d}{d_0} \right) = 71,52 + (10)(4)\log\left(\frac{1000}{100} \right) = 111,52 \ dB$$

Gráficamente, vemos la diferencia de pendientes.

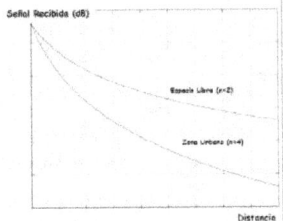

3.3.1.2-Otros Modelos

Sin dudas, el modelo d^n, resulta sumamente útil para hacer una estimación rápida de la performance del enlace, en él se combina todos los efectos de la propagación en un simple parámetro, como es el exponente de la atenuación de trayecto **n**.

Modelos más sofisticados, tienen en cuenta otros factores importantes que pueden variar de sitio en sitio, como el terreno, la urbanización, las alturas de las antenas, y la difracción. Para la propagación al aire libre, los modelos más ampliamente usados son:

Okumura, Hata, COSTO-231, Walsch y Bertoni, y otros, los que serán desarrollados en el capítulo siguiente.

3.3.1.3-Relación atenuación de trayecto – potencia recibida

Cuando se dice "atenuación de trayecto", es el término usado para cuantificar la diferencia en dB entre la potencia transmitida, P_{Tx} en (dBm), y la potencia recibida, P_{Rx} en (dBm) (Las ganancias de las antenas transmisora y receptora, pueden estar implícitamente incluidas ó excluirse en esta cuantificación de las potencias). Así también, podemos considerar el nivel medio de la señal recibida, en base al nivel medio de la atenuación del trayecto.

$$\overline{P}_{Rx} = \frac{P_{Tx}.G_{Tx}.G_{Rx}}{\overline{L}(d)}$$

Esto expresado en dB está dado por la ecuación

$$\overline{P}_{Rx}(dB) = P_{Tx}(dBm) + G_{Tx}(dB) + G_{Rx}(dB) - \overline{L}(d)(dB)$$

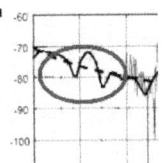

Figura 3.7

En la figura 3.7 se ha quitado los desvanecimientos rápidos, y se puede distinguir el nivel medio de la señal recibida, $\overline{P}_{Rx}$, indicada por la línea punteada y la señal realmente recibida, P_{Rx}, la que experimenta variaciones impredecibles en torno a la media debido a las ondulaciones del terreno, o a la

Comunicaciones Móviles y Redes Inalámbricas

existencia de elementos entre las antenas, como arboledas, edificios, etc. Este efecto, que se produce en forma aleatoria, solo puede estimarse en base a una función de probabilidad.

A partir de numerosas medidas se ha establecido un modelo estadístico de distribución que representa la función densidad de probabilidad de potencia de los desvanecimientos lentos basada en la función log-normal:

$$f(P_{Rx}) = \frac{1}{\sigma\sqrt{2\pi}} \exp\left(-\frac{(P_{Rx} - \overline{P}_{Rx})^2}{2\sigma^2}\right)$$

donde $\overline{P}_{Rx}$ es el valor medio de la potencia al cual se arriba de considerar los modelos de pérdidas de trayecto y σ es la desviación estándar y está determinada por el entorno de propagación, valores típicos oscilan entre 6 y 12 . Vale aclarar que los valores están expresados en unidades logarítmicas.

En la tabla 3.2 se muestran valores empíricos de la desviación estándar, en entornos variados.

Entorno	σ [dB]
Suburbano escabroso con densidad forestal alta	10,6
Suburbano escabroso con densidad forestal baja	9,6
Llano con densidad forestal alta	9,6
Suburbano llano con densidad forestal baja	8,2
Micro celular LOS	7,9 a 8,8
Micro celular NLOS	7,7 a 9,3
Oficina	7 a 12
Fábrica LOS	3 a 7
Fábrica NLOS	7 a 10
Hogar	7

Tabla 3.2

3.3.2 Desvanecimientos rápidos

En el punto 3.2, se describía analíticamente lo que sucede en un entorno de comunicaciones móviles, donde la señal recibida en un determinado instante y lugar es la resultante de la suma de todas las trayectorias provocadas por las reflexiones del frente de onda en los objetos próximos ubicados en dirección a la antena receptora.

Así también, la figura 3.6 muestra las variaciones que son producto del multitrayecto, los cambios de posición involucrados son del orden de la longitud de onda, es decir que pequeños movimientos repercuten fuertemente en el nivel de señal recibido, y no caben dudas que estos desvanecimientos rápidos que se producen, deben modelarse a partir de distribuciones estadísticas.

3.3.2.1 Estadísticas de la envolvente de la señal recibida

Los niveles de señal son aleatorios, puesto que dependen de la distribución de los retardos de las diferentes trayectorias, así como de los coeficientes de reflectividad de los objetos en los que se producen. A partir de diversas observaciones empíricas se han realizado estudios estadísticos que permiten distinguir entre dos casos claramente diferenciados: entornos con visibilidad directa entre antenas (LOS, Line Of Sight) o sin visibilidad entre las antenas (NLOS, Non Line of Sight).

Cuando no existe visibilidad directa entre las antenas podemos suponer que el número N de reflexiones que inciden en la antena receptora es muy grande, entonces, aplicando el teorema central del

37

límite, podemos aproximar las componentes en fase y en cuadratura de la señal $x(t)$ e $y(t)$ por procesos gaussianos independientes, de media cero y varianza igual al nivel de potencia media recibida:

$$r(t) = e(t)\cos\left[\omega_0 t + \varphi(t)\right]$$

$$e(t) = \sqrt{x^2(t) + y^2(t)} \qquad \varphi(t) = tg^{-1}\frac{y(t)}{x(t)}$$

Así, la función de densidad de probabilidad de la envolvente de la señal resulta una función de Rayleigh:

$$f_e(e) = \frac{e}{P_{Rx}}\exp\left[-\frac{e^2}{2P_{Rx}}\right]$$

Donde P_{Rx} es el nivel medio de potencia de la señal recibida $r(t)$:

$$P_{Rx} = E\left\{r^2(t)\right\} = \frac{E\left\{e^2(t)\right\}}{2}$$

Si calculamos la estadística de la potencia instantánea recibida, P_i, tenemos una variable aleatoria exponencial de media P_{Rx}:

$$f_{P_i/\bar{P}_{Rx}}(P_i/P_{Rx}) = \frac{1}{P_{Rx}}\exp\left[-\frac{P_i}{P_{Rx}}\right] \qquad P_i > 0$$

Nótese que P_{Rx} es, a su vez, una variable aleatoria sujeta a los desvanecimientos lentos, que se caracteriza con una distribución log-normal, y que por tanto irá variando a lo largo del tiempo a medida que el móvil se vaya desplazando y cambie el entorno (edificios, montañas, etc.).

En escenarios donde tenemos visibilidad directa, la componente en fase o la de cuadratura tendrá un valor de continua A, distinto de cero. En este caso se utiliza una función de densidad de probabilidad de la envolvente denominada Rice:

$$f_e(e) = \frac{e}{P_{Rx}}\exp\left[-\frac{e^2 + A^2}{2P_{Rx}}\right]I_0\left(\frac{eA}{P_{Rx}}\right)$$

Para este modelo podemos definir

$$k = \frac{A^2}{2P_{Rx}}$$

como cociente entre las potencias del rayo principal y la potencia media local producida por las reflexiones cercanas. Así, la potencia media es

$$P_m = \frac{A^2}{2} + P_{Rx} = P_{Rx}(1+k)$$

De modo que la función densidad de probabilidad de la envolvente es:

$$f_e(e) = \frac{e}{P_m}(1+k)\exp\left[-k - \frac{e^2(1+k)}{P_m}\right]I_0\left(2e\sqrt{\frac{k(1+k)}{P_m}}\right) \qquad e > 0$$

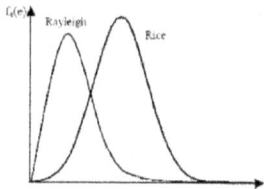

Figura 3.8

Si comparamos en la figura 3.8 las funciones de densidad de probabilidad Rayleigh y Rice, podemos observar que la probabilidad de tener valores de envolvente de señal pequeños es mucho menor cuando existe visibilidad directa entre las antenas, puesto que, como es de suponer, el rayo directo presenta niveles de señal mucho mayores respecto a los reflejados y, por lo tanto, para que se produzca una disminución significativa en el nivel de señal, es necesario que los rayos reflejados en los objetos próximos sumen sus contribuciones de señal en contrafase respecto al rayo directo.

3.4 Estimación de Cobertura

Como corolario, luego de haber visto los efectos de la propagación en el canal radio móvil y la caracterización estadística de los mismos, se está en condiciones de abordar la problemática propiamente dicha de un sistema móvil, como lo es, la determinación y definición de la zona de cobertura.

La definición de zona de cobertura fue dada en el apartado 2.2.1, y ahora, se buscará determinar los puntos en donde se reciba una señal con un nivel tal, que le permita al usuario disponer un servicio de voz o datos con una calidad aceptable. Los parámetros de calidad para determinar si un punto está en el área de cobertura, se pueden establecer en función de la relación señal a ruido, relación señal a interferencia, probabilidad de error o el nivel de potencia de la señal recibida, como se mostrará a continuación.

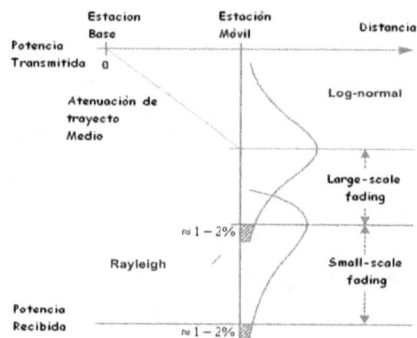

Figura 3.9

A partir de las características analizadas en los apartados anteriores se constata que es prácticamente imposible asegurar en una determinada área, un nivel de señal por encima de un valor umbral con una probabilidad del 100% debido a las fluctuaciones de la potencia recibida. Para asegurar porcentajes cercanos al 100 % sería necesario transmitir con niveles de potencia muy elevados.

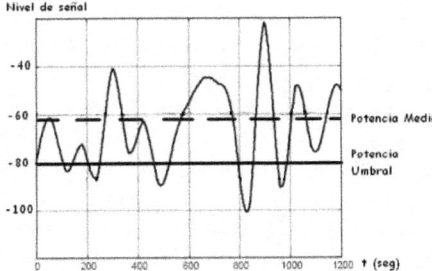

Figura 3.10

Si observamos el nivel de señal recibida y eliminamos los desvanecimientos rápidos en una determinada área situada a una distancia **d** de la antena transmisora, vemos que el nivel de señal tiene típicamente el aspecto de la figura 3.10, con un valor medio de −61,52 dBm y presenta unas fluctuaciones sobre dicho valor debidas a los desvanecimientos lentos. Dada la naturaleza aleatoria de los desvanecimientos, sólo podremos asegurar que la señal tendrá un valor por encima de un umbral de forma probabilística.

Como ejemplo, en la figura se fija un umbral de sensibilidad P_S de −80 dBm a partir de la relación señal a ruido y las técnicas de ingeniería de radio empleadas, como tipo de codificación, entrelazado, ecualización, etc., y puede observarse que la señal recibida P_{Rx} es inferior a este umbral en algunas ocasiones. Teniendo en cuenta que los desvanecimientos lentos se modelan según una función de distribución de probabilidad tipo log-normal puede considerarse que la probabilidad de superar el umbral de potencia P_S para un emplazamiento con potencia media $\overline{P}_{Rx}$, calculada a través de las pérdidas de propagación, es

$$prob\{P_{Rx} > P_S\} = \int_{P_S}^{\infty} f(P_{Rx})dP_{Rx} = \frac{1}{2} - \frac{1}{2}erf\left(\frac{P_S - \overline{P}_{Rx}}{\sqrt{2}.\sigma}\right)$$

Ejemplificaremos lo anterior con un caso práctico. Consideremos una célula en un entorno urbano, donde se pretende que tenga un radio de cobertura de 1 km. Si la potencia transmitida por la base es de 1 W, se puede determinar el % de emplazamientos en los que se garantiza una recepción correcta de la señal. Consideremos que la sensibilidad del receptor es de −80 dBm, la ganancia de la antena Tx es de 10 dB, y la antena Rx 0 dB. El desvanecimiento lento se caracteriza con una distribución log-normal de desviación típica 10 dB.

$$\overline{L}(d) = \overline{L}(d_0) + 10.n.\log\left(\frac{d}{d_0}\right) = 71,52 + (10)(3)\log\left(\frac{1000}{100}\right) = 101,52 \ dB$$

40

$$\overline{P}_{Rx}\,(dB) = 30\,(dBm) + 10\,(dB) + 0\,(dB) - 101.52\,(dB) = -61.52\,(dBm)$$

$$prob\{P_{Rx} > P_S\} = \frac{1}{2}\left[1 - erf\left(\frac{P_S - \overline{P}_{Rx}}{\sqrt{2}\sigma}\right)\right]$$

$$\frac{\overline{P}_{Rx} - P_S}{\sqrt{2}\sigma} = \frac{-61.52 - (-80)}{\sqrt{2}.10} = 1.30$$

$$erf(1.30) = 0.9340$$

$$prob\{\overline{P}_{Rx} > P_S\} = \frac{1}{2}[1 + 0.9340] = 0.967 \Rightarrow 96.7\%$$

Los cálculos analíticos realizados son a modo de ejemplificar el uso de las ecuaciones planteadas. El lector ha de comprender que realizar estos cálculos para los distintos sectores y bajo distintos entornos, será muy trabajoso además de tedioso.

Existen en el mercado, múltiples programas que permiten calcular la cobertura de los sistemas móviles y facilitan el despliegue de los mismos, si bien el costo de estos no es alto, lo que tiene un alto valor, es la base de datos del entorno urbanístico de una ciudad. Costos que deberán prorratearse en un proyecto que realmente lo justifique. Las proveedoras de servicios de telefonía móvil lo disponen.

Con ellos se pueden predecir los valores de nivel de potencia recibida, interferencias, probabilidad de error, etc. Estos programas utilizan la capacidad de cálculo de los ordenadores para obtener una estima de la potencia media recibida aplicando alguno de los múltiples modelos de cálculo de pérdidas de propagación.

4

Modelos de Propagación

4.1-Introducción

En este Capítulo, se describirán los principales modelos de propagación utilizados para la predicción de las coberturas radioeléctricas en entornos exteriores y para ambientes interiores a edificios; con el propósito de brindar elementos para una mejor comprensión de los parámetros que caracterizan un canal de comunicaciones móviles.

Como ya se dijo, cada prestador de servicio, dispone de su propio software, para la predicción de coberturas en distintos ámbitos, y configurado con características de calidad muy particulares. Sea para hacer uso de estos recursos informáticos o para hacer un estudio del entorno, es importante conocer los principales parámetros utilizados para el modelado del canal móvil.

4.2-Tipos de modelos

Una primera clasificación, está basada en los métodos utilizados para la obtención de valores medios de pérdidas en la propagación. Si el modelo se sustenta exclusivamente en el cálculo exacto de ecuaciones que cuantifican las pérdidas por propagación, mecanismos de difracción, reflexión, scattering, etc, se trata de **"modelos deterministas"** en cambio, si el modelo está basado en campañas de mediciones experimentales, se trata de **"modelos empíricos"** y entre ambos, están los **"modelos semiempíricos"** es decir, aquellos que se basan en leyes físicas, con factores de corrección empíricos.

Los primeros modelos utilizados para el cálculo de la intensidad de campo recibido y por ende de la cobertura radioeléctrica, fueron en base a procedimientos empíricos, con amplias campañas de mediciones y posteriores ajustes. Luego estas mediciones, se trasladaron a la forma de ábacos y curvas, las que permitían una estimación rápida y sencilla de las pérdidas.

A continuación se describirán algunos de los modelos utilizados en la propagación de **macro celdas**, y si bien existe una gran variedad, sólo se revisarán los más utilizados.

4.3-Modelo de Okumura

Okumura realizó mediciones en Tokio, y así obtuvo curvas experimentales bajo los siguientes parámetros.

- Frecuencias entre 450 y 900 MHz, (luego se extrapolaron para lograr un mayor rango).

- La altura de antena del terminal móvil era de 1,5 metros.

- Las alturas de las antenas de las estaciones base estaban entre 30 y 1000 metros.

- Las curvas que generó relacionaban el campo eléctrico recibido en función de la distancia para una frecuencia determinada.

El grupo de curvas desarrolladas por Okumura, brindan el valor de la atenuación media relativa en espacio libre, mas correcciones basadas en parámetros pre-definidos.

Tal como se expresaba, este modelo, está totalmente basado en mediciones de datos y no provee de una explicación analítica. Su versatilidad lo convirtió en un estándar para planear los sistemas de telefonía móvil y fue la base para otros modelos. La más grande desventaja de este, es su lenta respuesta a los cambios rápidos en el terreno.

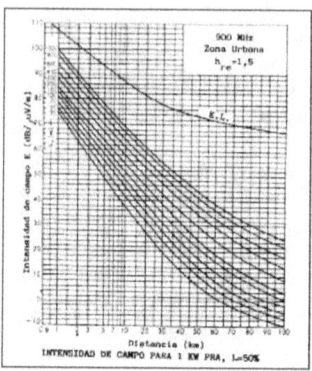

Figura 4.1

4.4-Modelo Okumura Hata

En este modelo se obtiene una formula empírica para las pérdidas por propagación a partir de las mediciones hechas por Okumura para frecuencias entre 453 y 1920 MHz. La necesidad de informatizar el método, condujo a Hata al desarrollo de expresiones numéricas para las curvas normalizadas de propagación mediante análisis de regresión múltiple, incluyendo además correcciones.

La ecuación propuesta para las pérdidas en entornos **urbanos** y que sirve de referencia para entornos suburbanos y rurales, es de la forma:

$$L(dB) = A + B.\log d$$

Donde A y B son funciones de la frecuencia y la altura de la antena, y **d** corresponde a la distancia entre la antena y el usuario.

$$A = \alpha - 13,82 \log(h_b) - a(h_m)$$

$$B = 44,9 - 6,55 \log(h_b)$$

$\alpha \quad y \quad a(h_m) \quad$ *se definen como*

$$\alpha = 69,55 + 26,16 \log(f_c)$$

$$a(h_m) = h_m (1,1 \log(f_c) - 0,7) - (1,56 \log(f_c) - 0,8)$$

En las expresiones anteriores, L representa las pérdidas en dB, d la distancia en Km, f_c la frecuencia de trabajo en MHz, h_b es la altura de la antena de la estación base y h_m la altura de la antena del receptor móvil, ambas en metros, se utiliza si se cumplen las siguientes condiciones:

Parámetros	Rango de validez
Frecuencia (f_c) en MHz	100 a 1500
Altura efectiva de la estación base (h_b) en m	30 a 200
Altura de la antena del móvil (h_m) en m.	1 a 10
Distancia d en Km.	1 a 20

Tabla 4.1

El término $a(h_m)$ es una corrección dependiente de la altura de la antena móvil, y se aplica para ciudades pequeñas y medianas. Para ciudades grandes se tiene dos expresiones, que dependen del valor de la frecuencia.

$$a(h_m) = 8,29 \left(\log 1,54 \, h_m \right)^2 - 1,1 \qquad f \leq 200 \; MHz$$

$$a(h_m) = 3,2 \left(\log 1,75 \, h_m \right)^2 - 4,97 \qquad f \geq 400 \; MHz$$

Las aproximaciones hechas por Hata tienen en cuenta las áreas de predicción, las que se las divide por el tipo de terreno, así se tiene.

Área urbana: Corresponde a las grandes ciudades con altas edificaciones y casas con 2 o más pisos, o donde existen una gran concentración de casas.

Área suburbana: Ciudades o carreteras en donde hay árboles y casas en forma dispersa, existen obstáculos cerca del usuario pero no provocan congestión.

Área abierta: Son los espacios abiertos sin grandes árboles o edificaciones en el camino de la señal.

Si el receptor se encuentra en zonas suburbanas ó abiertas, se le añade un factor de corrección C

$$L(dB) = A + B \cdot \log d + C$$

Siendo el valor de C para áreas suburbanas

$$C = -2 \log^2 \left(\frac{f_c}{28} \right) - 54$$

Siendo el valor de C para áreas abiertas

$$C = -4,78 \log^2 (f_c) + 18,33 \log (f_c) - 40,94$$

La fórmula de Hata no tiene en cuenta la influencia de las ondulaciones del terreno ni los efectos que derivan del grado de urbanización, como así también, vale aclarar que para distancias mayores a 20 Km entre el transmisor y el receptor, existen otras correcciones.

4.5-Modelo COST 231 Hata

Con la primera generación GSM, la cual operaba en la banda de los 900 MHz, se podía utilizar el modelo Hata ya que este es válido para frecuencias entre 100 y 1500 MHz. Con el incremento de usuarios y la evolución de los servicios ofrecidos se comenzaron a utilizar otras bandas como la de 1800 y 1900 MHz y debido a esto, el grupo europeo COST 231 (Cooperativa Europea para Investigación Científica y Técnica) propuso un nuevo modelo que complementa el modelo Hata y que es válido para frecuencias entre 1500 y 2000 MHz.

Oscar Eduardo Gutierrez

Las pérdidas por propagación en este modelo están dadas por la expresión.

$$L(dB) = 46,3 + 33,9\log(f_c) - 13,82\log(h_b) - a(h_m) + [44,9 - 6,55\log(h_b)]\log d + C_m$$

donde h_m es la altura de la antena del móvil y C_m es un factor de corrección que tiene en cuenta el ambiente de propagación, tomando distintos valores como se ve en la tabla 4.2

Entorno	Valor en dB
Para ciudades urbanas densas, (edificios altos, de mas de 7 pisos)	3
Para ciudades urbanas medias, (edificios mas pequeños con calles pequeñas y medianas)	0
Para ciudades urbanas medias con calles anchas	-5
Para entornos sub-urbanos con pequeños edificios	-12
Para entornos mixtos, pueblos y rural	-20
Para entornos rurales con pocos árboles y casi sin colinas	-26

Tabla 4.2

En la siguiente expresión, se muestra el término $a(h_m)$, el cual da cuenta de las variaciones en las pérdidas por propagación cuando el móvil se mueve verticalmente.

$$a(h_m) = h_m[1,1\log(f_c) - 0,7] - [1,56\log(f_c) - 0,8]$$

Las restricciones del modelo se muestran en la tabla 4.3.

Parámetros	Rango de validez
Frecuencia (f_c) en MHz	1500 a 2000
Altura efectiva de la estación base (h_b) en m	30 a 200
Altura de la antena del móvil (h_m) en m.	1 a 10
Distancia d en Km.	1 a 20

Tabla 4.3

4.6-Modelo COST 231 Walfisch-Ikegami

Si bien, este modelo está restringido para terrenos urbanos planos, es una combinación de los modelos Walfisch-Bertoni y el modelo Ikegami con algunos parámetros corregidos en forma empírica.

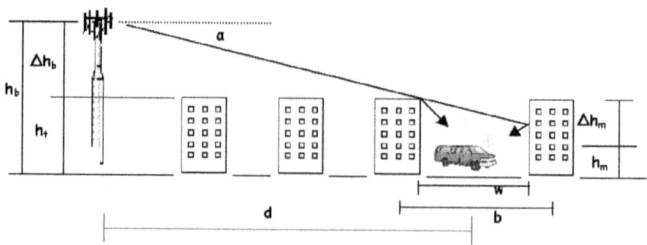

Figura 4.2

45

De la Figura 4.2, se desprenden algunas relaciones entre las alturas que se utilizan en las expresiones que continúan.

$$\Delta h_m = h_{techo} - h_m$$

$$\Delta h_{base} = h_{base} - h_{techo}$$

En el modelo se definen distintas expresiones para las pérdidas por propagación, dependiendo de la visual que exista entre la base y el móvil.

Si existe línea de vista, LOS entonces las pérdidas por propagación está dada por:

$$L(dB) = 42,6 + 26 \log d + 20 \log(f_c) \qquad para \quad d \geq 20\, m$$

Si no existe línea se vista, NLOS la expresión es la siguiente.

$$L(dB) = \begin{cases} L_F + L_{rts} + L_{msd} \\ L_F \end{cases} \qquad si\; L_{rts} + L_{msd} < 0$$

Donde:

L_F son las pérdidas en el espacio libre

L_{rts} son las pérdidas por difracción en los techos de las edificaciones

L_{msd} son las pérdidas por dispersión,

$$L_{rts} = -16,9 - 10 \log W + 10 \log(f_c) + 20 \log \Delta h_m + L_{ori}$$

Donde W es el ancho de la calle

L_{ori} varía de acuerdo al ángulo con que la señal llega al móvil.

$$L_{ori} = \begin{cases} -10 + 0,354 . \varphi\,[grados] & para\; 0 \leq \varphi \leq 35° \\ 2,5 + 0,075(\varphi\,[grados] - 35° & para\; 35° \leq \varphi \leq 55° \\ 4 - 0,114 \varphi\,[grados] - 55° & para\; 55° \leq \varphi \leq 90° \end{cases}$$

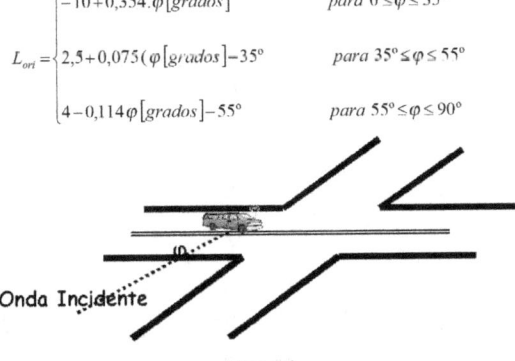

Figura 4.3

Notese de que ϕ es el ángulo de llegada de la señal expresado en grados.

El término L_{msd} corresponde a las pérdidas que se las denomina "multiscreen diffraction", está dado por una integral cuya solución fue encontrada en forma aproximada en el modelo Walfisch-Bertoni, para el caso en que la altura de la antena de la estación base es mayor que el promedio de los techos. Luego el grupo COST 231 amplió esta solución para el caso en que la altura de la antena de la estación base sea menor que el promedio de los techos incluyendo funciones empíricas.

La expresión para L_{msd} es la siguiente.

$$L_{msd} = L_{bsk} + k_a + k_d \log d\,[Km] + k_f \log f_c\,[MHz] - 9\log b\,[metros]$$

Donde b es la distancia promedio entre edificios, en metros y los otros términos tienen las siguientes expresiones.

$$L_{bsk} = \begin{cases} -18\log\,(1+\Delta h_{base}) & para\ h_{base} > h_{techo} \\ \\ 0 & para\ h_{base} \le h_{techo} \end{cases}$$

$$k_a = \begin{cases} 54 & h_{base} > h_{techo} \\ \\ 54 - 0,8\,\Delta h_{base} & R \ge 0,5\ Km\ \ y\ \ h_{base} \le h_{techo} \\ \\ 54 - 0,8\,\Delta h_{base}\,\dfrac{R}{0,5} & R < 0,5\ Km\ \ y\ \ h_{base} \le h_{techo} \end{cases}$$

El término k_a denota el incremento de las pérdidas cuando las antenas de las estaciones base están por debajo de los techos de los edificios que se encuentran alrededor.

$$k_d = \begin{cases} 18 & para\ h_{base} > h_{techo} \\ \\ 18 - 15\dfrac{\Delta h_{base}}{h_{techo}} & para\ h_{base} \le h_{techo} \end{cases}$$

$$k_f = \begin{cases} -4 + 0,7\left(\dfrac{f_c}{925} - 1\right) \\ \\ -4 + 1,5\left(\dfrac{f_c}{925} - 1\right) \end{cases}$$

Los términos k_d y k_f controlan la dependencia del L_{msd} de la distancia y la frecuencia.

El primer valor de k_f, en la última expresión, se utiliza cuando el escenario son ciudades medianas o centros suburbanos con una densidad moderada de árboles, y el segundo cuando se considera el radio céntrico de ciudades más urbanizadas.

Las restricciones del modelo son:

Paràmetros	Rango de validez
Frecuencia (f_c) en MHz	800 a 2000
Altura efectiva de la estación base (h_b) en m	4 a 50
Altura de la antena del móvil (h_m) en m.	1 a 3
Distancia d en Km.	0,02 a 5

Tabla 4.4

4.7- Modelos para Micro Celdas

Al lector, no le ha de pasar inadvertido la gran concentración de usuarios que se produce en los centros urbanos, lo que trae aparejado la necesidad de instalar mayor cantidad de celdas, y en casi todos los casos, son micro-células, se puede pensar en galerías, área peatonal etc. Por esta razón cobran gran importancia los modelos que permiten predecir más ajustadamente la cobertura de cada celda de este tipo. Los modelos empíricos son más bien escasos y generalmente se realizan mediciones para contrastarlas con las predicciones del modelo.

El modelo más representativo y utilizado es el COST 231 Walfisch-Ikegami el cual se describió anteriormente.

4.8- Modelo del Grupo COST 231 para las Pérdidas por Penetración

Para calcular las pérdidas que se producen debido a la penetración en edificaciones, el grupo COST 231, ha desarrollado un modelo para tal fin, dada su practicidad, es muy utilizado ya que entrega las pérdidas en función del tipo de paredes de los edificios, número de pisos y número de paredes divisorias internas.

En realidad, el grupo ha desarrollado dos modelos, uno que considera LOS y otro NLOS. En la figura 4.4, se definen los parámetros que utiliza el modelo que considera LOS, la distancia **d** corresponde al camino a través de muros internos y **d'** es el camino a través de un pasillo (sin paredes internas).

En estos modelos se obtiene una ganancia por piso, es decir, a medida que se sube un piso se obtiene menos pérdidas. Este fenómeno se hace más claro cuando se está a alturas cercanas o por sobre las edificaciones que rodean al edificio. Para el caso en que existe LOS esta ganancia no es relevante y no se la considera en el modelo.

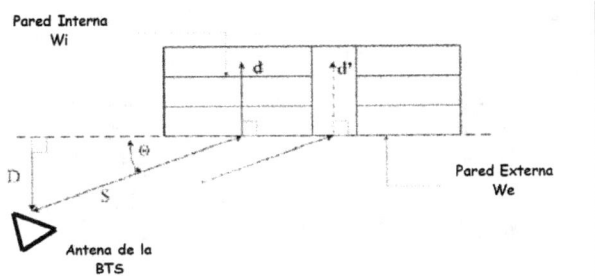

Figura 4.4

48

Si se desea, expresar la pérdida total por propagación, en dB, entre la antena de la base y el móvil, considerando penetración con LOS, tenemos.

$$L(dB) = 32,4 + 20\log(S+d) + 20\log(f_c) + W_e + W_{ge}\left(1 - \frac{D}{S}\right)^2 + \max(\Gamma_1, \Gamma_2)$$

Donde

$$\Gamma_1 = W_i\, p \quad ; \quad \Gamma_2 = \alpha(d-2)\left(1 - \frac{D}{S}\right)^2$$

Las distancias D y d son perpendiculares a la pared externa y S corresponde a la distancia física entre la antena de la base y la pared externa en el piso correspondiente. Estas distancias están en metros y la frecuencia en GHz.

El ángulo θ se determina a través de la expresión $sen(\theta) = \dfrac{D}{S}$.

El único caso en que θ es 90° es cuando la antena de la BTS está a la misma altura que el piso, y en una ubicación perpendicular a la muralla externa, en este caso se tiene D=S. De esta forma θ varía considerablemente ante pequeñas variaciones de D.

We corresponde a las pérdidas en dB por la pared externa cuando θ es 90°. Wge es una pérdida adicional en la pared externa cuando θ es 0°. Wi corresponde a las pérdidas, también en dB, debido a los muros internos y **p** corresponde a la cantidad de muros penetrados.

Este modelo está basado en una serie de mediciones hechas para frecuencias entre 900 y 1800 MHz y para distancias de hasta 500 metros. En la Tabla 4.5 se muestran los valores recomendados para los parámetros del modelo de pérdidas por penetración en edificaciones con línea de vista.

Parámetros	Valor
We	4 a 10 dB (Concreto con ventanas normales, 7 dB ; madera 4 dB)
Wi	4 a 10 dB (Paredes de concreto 7 dB; maderas y plásticos 4 dB)
Wge	20 dB aproximadamente
α	0,6 dB/m aproximadamente

Tabla 4.5

Cuando no se tiene línea de vista (NLOS) las pérdidas por penetración son relativas a las pérdidas que hay en los alrededores de la edificación, L1 y L2 en la Figura 4.5 y en la Figura 4.6 La y Lb. Para ambos casos estos puntos se encuentra a una altura promedio de 1,5 metros.

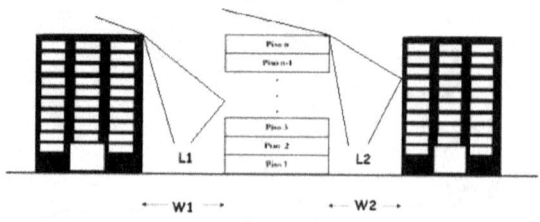

Figura 4.5

En la Figura 4.5, se muestra cuando la antena de la base está por sobre la edificación, en este caso el ancho de la calle W1, incide en la ganancia que se obtiene por la altura, (piso). Se cumple que a medida que W1 crece, la ganancia por altura en los pisos disminuye.

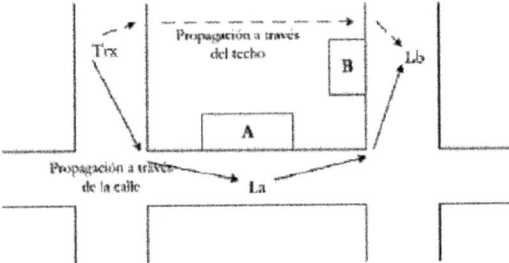

Figura 4.6

La ecuación que se ilustra a continuación, muestra las pérdidas por propagación totales, donde el término $L_{exterior}$, representa las pérdidas que se obtienen hasta un punto en el exterior de la edificación, son los puntos L1 o L2 en la Figura 4.5.

$$L(dB) = L_{exterior} + W_e + W_{ge} + \max(\Gamma_1, \Gamma_3) - G_{FH}$$

Donde

$$\Gamma_3 = \alpha\, d \qquad ; \qquad G_{FH} = \begin{cases} n.G_n \\ h.G_h \end{cases}$$

Los términos Γ_1, We y **d** tienen el mismo significado que en el modelo utilizado para escenarios con LOS. El término G_{FH} representa la ganancia que se tiene por piso, la cual puede ser expresada en función de la cantidad de pisos, **n** y Gn es la ganancia en dB/pisos, o en función de la altura, **h** es la altura en metros y Gh es la ganancia en dB/m.

El termino Wge representa las pérdidas por penetración de la pared externa, este término pretende normalizar esta componente de las pérdidas ya que las variaciones de éstas son importantes, se utiliza de 2 a 3 dB como valor en el caso de 900 MHz, y de 4 a 5 dB para 1800 MHz.

Los valores para We y a son los mismos recomendados en la Tabla 4.5, la diferencia que hay en las ganancias por piso Gn o por altura Gh a distinta frecuencia es mínima. Los valores varían entre 1,5 a 2 dB/piso y 1,1 a 1,6 dB/m.

4.9-Modelo de Propagación para WiMAX

Hay un gran número de modelos para caracterizar las pérdidas por propagación en comunicaciones inalámbricas, pero el grupo de la IEEE 802.16 desarrollo un modelo exclusivo para las pérdidas en WiMAX.

Se presenta un modelo recomendado que utiliza como base los modelos vistos anteriormente, agregando factores de corrección de modo de ampliar su rango de operación y mejorar los resultados obtenidos.

4.9.1-Pérdidas por Propagación en Medio Suburbano

El modelo utilizado por el grupo IEEE 802.16 se basa en considerar el terreno sobre el cual se realiza-ra el enlace.

Se definen 3 categorías:

- Terreno tipo A donde el terreno presenta colinas y cerros además de una densidad mediana a alta de árboles, representando el terreno con mayores pérdidas por propagación.

- El terreno tipo C corresponde al escenario contrario con una geografía más bien plana y con pocos árboles dentro del área.

- El terreno tipo B, es intermedio entre ambos.

El promedio de las pérdidas por propagación expresados en dB, según modelo propuesto, esta dado por:

$$L = A + 10.\gamma.\log(d/d_0) + s \qquad d > d_0$$

$$A = 20.\log\left(\frac{4.\pi.d_0}{\lambda}\right)$$

Donde **?** esta expresado en metros, **?** es el exponente de las pérdidas por propagación, **d** es la distancia entre un punto determinado y la antena de la estación base, d_0 es una distancia constante igual a 100 metros y por último **s** corresponde al termino que representa los efectos de desvanecimiento por sombra o apantallamiento expresados en dB.

$$\gamma = a - b.h_b + \frac{c}{h_b}$$

En esta ecuación, a, b y c corresponden a parámetros que dependen de la categoría del terreno, cuyos valores se muestran en la Tabla 4.6, y h_b es la altura de la estación base que puede variar entre 10 y 80 metros.

A este modelo, el grupo 802.16 de la IEEE le agrego ciertos factores de corrección, uno de frecuencia ya que este modelo fue realizado para frecuencia cercanas a los 2 [GHz] y otro factor que permite considerar que la antena del receptor pueda estar entre 2 y 10 metros, originalmente el modelo fue realizado para antenas de altura cercanas a los 2 metros.

Parámetro	Terreno Tipo A	Terreno Tipo B	Terreno Tipo C
a	4,6	4	3,6
b	0,0075	0,0065	0,005
c	12,6	17,1	20

Tabla 4.6

Incorporando los factores de corrección, se tiene:

$$L_{corregido} = L + \Delta L_f + \Delta L_h$$
$$donde$$
$$\Delta L_f = 6.\log\left(\frac{f}{2000}\right)$$

51

En la expresión anterior, el factor de corrección de la frecuencia, ΔLf, f está en MHz y el factor de corrección para la altura de la antena receptora h_r depende de la categoría del terreno.

$$\Delta L_h = -10,8.\log\left(\frac{h_r}{2}\right) \qquad para \ \ terrenos \ \ A \ y \ B$$

$$\Delta L_h = -20.\log\left(\frac{h_r}{2}\right) \qquad para \ \ terrenos \ \ C$$

El amplio uso del modelo COST 231 Walfisch-Ikegami se debe a las buenas predicciones que tiene en entornos urbanos con edificios de altura uniforme, y también da buenos resultados con entornos suburbanos planos, terrenos tipo C.

5
Arquitectura de una red GSM

5.1-Introducción

La arquitectura básica, de una red GSM se puede formar a partir de bloques elementales a los que llamaremos "Subsistemas", con funciones bien definidas, y comunicados entre ellos por **interfases estándar:**

- Estación Móvil (MS Mobile Station)

- Subsistema de Estaciones Bases (BSS Base Station Subsystem)

- Subsistema de Red y Conmutación (NSS Network and Switching Subsystem)

- Subsistema de Gestión de Red (NMS Network Magnameng Subsystem)

5.2-Estación Móvil (MS)

Consta de un equipo o terminal móvil (ME Mobile Equipment) y un módulo de identidad del suscriptor (SIM Suscriber Identity Module), el ME es aquel aparatito que nos llama la atención por el tamaño, por las funcionalidades, o por las posibilidades técnicas que brinda, y es el que realiza las operaciones necesarias para soportar el canal físico entre el MS y la estación base, no necesita ser asignado indefinidamente a un suscriptor.

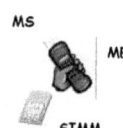

MS

ME

SIMM

Figura 5.1

La SIM es el modulo que posee todos los datos del usuario y se inserta en el equipo móvil, personalizando el terminal que se utilice. Tiene un micro chip que le da capacidad de almacenamiento para guardar la información del perfil de usuario como también la agenda telefónica.

El terminal se identifica unívocamente ante la red por el *Internacional Movile Equipment Identity* (IMEI), es un número que incorpora el fabricante del equipo, y a él se lo puede obtener, tecleando * #06#.

La tarjeta SIM contiene el *Internacional Movile Subscriber Identity* (IMSI) usado para identificar al abonado ante su sistema. La tarjeta SIM puede protegerse frente a accesos no autorizados mediante el uso de una password o número de identificación personal, PIN (*Personal Identification Number)* de al menos cuatro dígitos que se solicita al encender el equipo terminal.

5.3-Subsistema de Estaciones Bases (BSS)

Todas las funciones relacionadas con la parte de radio están concentradas en este Subsistema, el cual es responsable de establecer y mantener las conexiones con los MS, asignando canales de radio para voz y mensajes de datos, en una palabra, es el medio para comunicar al MS con el conmutador y viceversa. El BSS esta constituido por nodos con funcionalidades concretas.

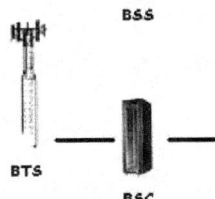

Figura 5.2

5.3.1-Transcoder Controller (TRC)

Este nodo, adapta la información PCM en información codificada de voz GSM. La función puede ser implementada en un hardware separado o en conjunto en un nodo BSC/TRC.

Otra de las funciones del TRC es adaptar la velocidad proveniente del NSS que es de 64 Kbps a 16 Kbps para que sea interpretado por el Controlador de Estaciones Base (BSC). Los 16 Kbps contienen 13 Kbps de tráfico y 3 Kbps de señalización en banda. Esta función es muy importante, ya que sin la adaptación de velocidad, el enlace entre el NSS y la BSC, requeriría 4 veces más capacidad de ancho de banda.

El TRC es también quién soporta la discontinuidad de la transmisión, es decir, si se detectan pausas en la conversación se genera un ruido de fondo hacia el subsistema de conmutación.

5.3.2-Base Station Controler (BSC)

Controla todas las tareas relacionadas con el radio del sistema, buscando obtener el mayor aprovechamiento de estos. Las funciones principales del BSC son:

1. La administración de la red de radio lo cual incluye:
    a. Administración de los datos de la red de radio,
    b. Mediciones de tráfico y eventos
    c. Medición de canales ociosos
2. La administración de las BTS incluye:
    a. Configuración de las BTS
    b. Manejo del software de las BTS
    c. Mantenimiento de las BTS
3. El manejo del TRC durante el establecimiento de la llamada.
4. La administración de la red de transmisión lo que incluye los vínculos hacia y desde el NSS y las BTS con las siguientes tareas:
    a. Manejo de la interfaz de transmisión, la cual provee funciones de administración, supervisión, prueba y localización de fallas en los vínculos a las BTS.
    b. La BSC configura, ubica y supervisa los circuitos PCM de 64 Kbps para vincular a las BTS. También controla el conmutador remoto ubicado en las BTS para una eficiente utilización de los canales de 64 Kbps.
5. La gestión de las conexiones del MS son:
    a. Establecimiento de las llamadas

54

  b. Durante la llamada:

      i. Control dinámico de potencia en la MS y en la BTS

      ii. La función de ubicación, evaluando la conexión de radio al MS.

      iii. Si la función de ubicación propone un handover, la BSC decide a que celda hacerlo, e inicia el proceso.

5.3.3-Base Transceiver Station (BTS)

Son los transceptores de radio que se necesitan para prestar el servicio en una celda.

La BTS está constituida por varias unidades:

* La Ditribution Swicht Unit (DXU), es utilizada para la conmutación de los time slots individuales de los transceptores a la interface A-Bis

* Transceiver Units (TRU), contiene circuitos de transmisión y recepción para el manejo de la información de los 8 time slots de la Air Interface.

* Combining and Distribution Unit (CDU), es responsable de combinar las señales transmitidas desde varios transceptores y distribuir a estos las señales recibidas.

A fin de que la BSC tenga una visión en tiempo real de cada parte de la red de radio, el móvil y la BTS actualizan continuamente los reportes de medición con datos del nivel de señal y el Bit Error Rate (BER) de la BTS que lo sirve, junto con un nivel de señal de las BTS's vecinas. Estos reportes de medición son enviados por la BTS a la BSC cuando es necesario un handover (ya se explicará en qué consiste este servicio).

5.4-Subsistema de Red y Conmutación (NSS)

Este subsistema, se asienta sobre una red inteligente, y su función principal es la conmutación ya sea entre usuarios de la red móvil como con usuarios de otras redes.

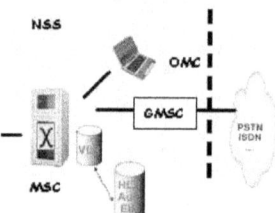

Figura 5.3

Está constituido por un Centro de Conmutación (**MSC** Mobile Service Switching Center), el cual coordina el establecimiento de las llamadas hacia y desde usuarios GSM, identificando el origen y el destino (estación móvil o teléfono fijo) y el tipo de llamada.

Cuando un MSC actúa como puente entre una red móvil y una red fija, se le conoce como pasarela GMSC. Un MSC controla varios BSC.

Este nodo dispone de un Registro de Ubicación (**HLR** Home Location Register), es un servidor que maneja una base de datos con la información de los subscritores, y ubicación de los mismos. También posee un centro de autenticación (**AuC** Authentication Center) a fin de identificar los usuarios de la red. Otro subgrupo del HLR es el **EIR**, el cual almacena los datos de los equipos móviles (ME)

El Registro de ubicación de visitantes (**VLR** Visitor Location Register), está vinculado a una o más MSC, almacena temporalmente los datos de los usuarios que se encuentran en el área de servicio de la MSC y mantiene datos más detallados que el HLR, los cuales son necesarios para que la MSC provea servicio a usuarios visitantes.

Para la comunicación entre los nodos que forman parte de la red de conmutación, como son el MSC, HLR, VLR, AuC y EIR, se utiliza el protocolo MAP (Mobile Application Part) para la transferencia de información y como sistema de señalización, el SS7.

5.5-Subsistema de Gestión de Red (NMS)

Este Subsistema, tiene asignado principalmente tres tareas:

1) Las funciones de operación y mantenimiento de la red. (**OMC**)

2) La carga y facturación de los clientes.

3) La administración de los equipos móviles.

5.6-Arquitectura de Red

Si agrupamos cada uno de los bloques considerados, tenemos la siguiente arquitectura, que constituye la correspondiente a una red GSM.

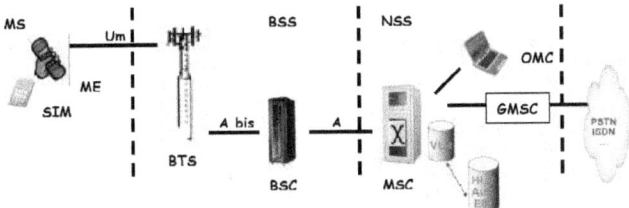

Figura 5.4

5.6.1-Interfaces en el BSS

Existen cuatro interfaces principales dentro del Subsistema de Estación Base (BSS), por medio de las cuales se transmite y recibe la información de voz y señalización. Tres de ellas, están indicadas en la figura 5.4, y la cuarta no la vemos, ya que la Interfaz A-ter es utilizada entre BSC y el TRC. Estas interfaces son denominadas:

- Interfaz A (A Interface)
- Interfaz A-bis (A-bis interface)
- Interfaz A-ter (A-ter interface)
- Interfaz de Aire (Air Interface, Um)

5.6.1.1-Interfaz A

Soporta dos tipos diferentes de información, señalización y tráfico, entre la MSC (o MSC/VLR) y el BSS. La voz es transcodificada en el TRC y la señalización SS7 se conecta en forma transparente a la BSC, ya sea por medio del TRC o en un enlace separado

56

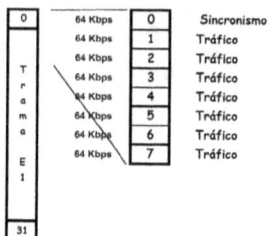

Figura 5.5

5.6.1.2-Interfaz A-bis

La interfaz A-bis es responsable de la transmisión de tráfico y señalización entre la BSC y la BTS. El protocolo de capa de enlace (Capa 2 de OSI) usado en esta interfaz es el LAPD (Link Access Protocol on D Channel), proveniente de ISDN.

Existen tres formatos posibles para el protocolo LAPD que pueden asignarse a la transferencia de información en la interfaz A-bis:

LAPD No Concentrado. La señalización para cada portadora de RF de la interfaz de aire se envía en un canal de 64 Kbps dedicado y es acompañada por 2 canales de 64 Kbps, cada uno, llevando cuatro canales de voz y datos de 16 Kbps cada uno.

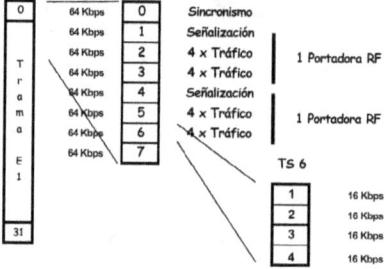

Figura 5.6

En una línea PCM E1 (de 32 canales) puede transmitirse información de hasta 10 portadoras (TRUs), con este modo de LAPD.

LAPD Concentrado. La señalización correspondiente a cuatro portadoras de RF se transmite multiplexada en un solo canal PCM. Luego, los ocho canales de voz y datos de cada portadora ocupan otros 2 canales. De esta manera, es posible incluir la información de hasta 13 portadoras (TRUs) de GSM en una línea PCM E1.

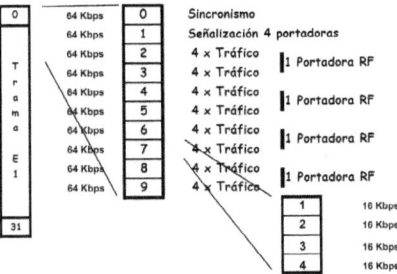

Figura 5.7

LAPD Multiplexado – La señalización de cada portadora de RF se multiplexa en un canal PCM junto con los canales de datos y voz propios. Es decir que a cada portadora de RF le corresponden 2 canales PCM en total. En una línea PCM E1 puede transmitirse la información de hasta 15 portadoras (TRUs) de GSM con este formato de LAPD.

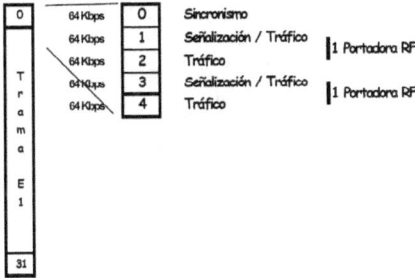

Figura 5.8

Las redes E1 utilizan el time slot 0 de la interfaz A-bis para proveer la referencia de sincronización a la BTS, como se ve en todas las figuras anteriores.

LAPD realiza además funciones de detección y corrección de errores, así como delimitación de tramas (es decir, inserción de flags al comienzo y final de una trama).

5.6.1.3-Interfaz A-ter

Esta interfaz es el enlace entre la BSC y el TRC. En el TRC, la información de voz es transcodificada desde 64 Kbps a 16 Kbps. La figura 5.9, muestra cómo se mapea la información en el enlace PCM-E1, en la interfaz A-ter.

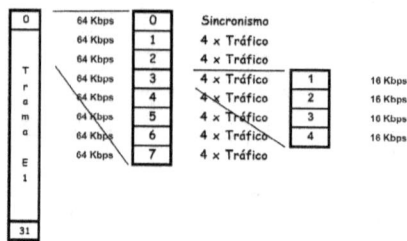

Figura 5.9

5.6.1.4-Interfaz de Aire (Um)

La interfaz de aire para GSM es conocido como la interfaz Um.

Sabemos que el espectro de radio es un recurso limitado, y compartido por todos los usuarios de la red, el método lo que realiza, es dividir el ancho de banda entre tantos usuarios como sea posible.

Podemos decir que es una combinación de acceso múltiple por división de tiempo y de frecuencia TDMA/FDMA.

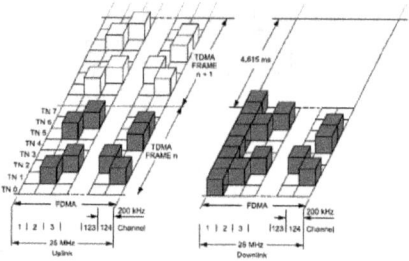

Figura 5.10

La parte de FDMA involucra la división del ancho de banda de frecuencia, 25 MHz en 124 frecuencias portadoras, espaciadas 200 KHz. La técnica TDMA se utiliza para dividir cada portadora de RF en 8 ranuras de tiempo (time slots). Estos time slots son asignados a los diferentes usuarios, permitiendo manejar hasta 8 comunicaciones simultáneas en la misma portadora.

Cada time slots tiene una duración de 0,577 ms. Por lo tanto, una trama TDMA de 8 time slots tendrá una duración de aproximadamente 4,62 ms.

5.6.1.4.1-Características de la interfaz de aire de GSM:

- Distancia Duplex (separación en frecuencia entre las portadoras de uplink y downlink): 45 MHz (GSM 900), 95 MHz (GSM 1800) y 80 MHz (GSM 1900).

- Separación de canal: 200 KHz.

- Técnica de modulación: GMSK (Gaussian Minimum Shift Keying)

- Velocidad de bits "en el aire", de 270,8 Kbps.

- Teniendo en cuenta la separación entre canales, GSM provee:

  - 124 pares de portadoras para GSM 900

  - 374 pares de portadoras para GSM 1800

  - 299 pares de portadoras para GSM 1900

En cada time slot (TS) de la trama TDMA se inserta una ráfaga (burst) de datos. Considerando que la tasa de bits en el aire es de 270,8 Kbps, esto implica una duración de bit de 3,692 µs, y dado que la duración de un TS es de 0,577 ms, el tamaño de la ráfaga puede ser como máximo de 156,25 bits.

Existen 5 tipos de ráfagas diferentes: Normal, de Sincronización, de Corrección de Frecuencia, de Acceso y de Relleno.

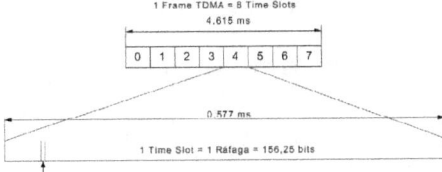

Figura 5.11

6
Canales

6.1-Introducción

Tal como se describía anteriormente, el sistema GSM además de la división de frecuencia, emplea la multiplexación en el tiempo.

Cada canal de 200 KHz se divide en ocho ranuras temporales numeradas del 0 al 7 a la que se denomina trama TDMA y se repite ininterrumpidamente en el tiempo.

Cada una de estas ranuras es usada por un usuario distinto, de manera de que si a un móvil se le asigna la ranura 2, transmite solo en ese tiempo y el resto permanece inactivo. Esto nos dice que la transmisión del móvil se realiza por ráfagas (duración de una ranura).

La duración de una ranura es de 577 μs y por lo tanto la trama será ocho veces este valor. Por otro lado, el periodo de bit en GSM es de 3,69 μs de forma que la duración de una ráfaga corresponde a 156,25 períodos de bit.

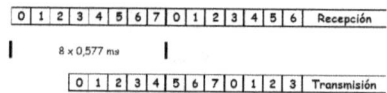

Figura 6.1

La técnica TDMA permite de que el móvil no tenga la necesidad de transmitir y recibir simultáneamente, y por lo tanto, el equipo no dispone duplexor, solo filtros de RF y conmutadores de suficiente velocidad. Para lograr esto se ha establecido de que la diferencia de tiempos entre la transmisión del móvil y la de la estación base, sea de tres ranuras temporales. La figura 6.1 muestra como estos slot`s están desplazados ejemplificando el concepto.

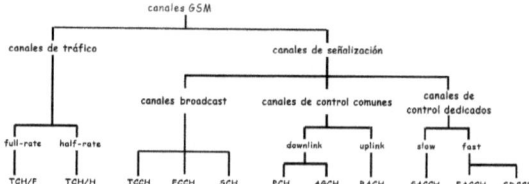

Figura 6.2

6.2-Canales Físicos y Canales Lógicos

Algunos aspectos técnicos, con respecto al canal ya fueron presentados, y dado que en GSM existe un doble método de acceso, podemos definir como **canal físico** a la combinación de un número de TS (Time Slot) y un ARFCN (Absolute Radio Frecuency Channel Number).

Sin embargo, la información a transmitir no siempre es la misma, en un momento será la propia del usuario y en otros, serán datos complementarios para el mantenimiento de dicha información, los que se realizarán a través de una serie de **canales lógicos** donde cada uno tiene propósitos específicos y son mapeados sobre algunos de los canales físicos disponibles.

Básicamente, existen dos grandes tipos de canales lógicos, los **canales de tráfico** que transportan voz y datos y los **canales de señalización** empleados para el control y mantenimiento de la red.

6.3-Canales de Tráfico

Como indica la Figura 6.2, para transportar voz cocificada y datos, se utilizan dos tipos de canales:

TCH/FS- Canal de Tráfico a velocidad completa para voz. Lleva voz digitalizada a 13 kbps.

TCH/HS- Canal de Tráfico a velocidad mitad para voz. Ha sido diseñado para llevar voz digitalizada, muestreada a la mitad que la de un canal a velocidad completa. (6.5 Kbps).

Para llevar datos de usuario se definen los siguientes tipos de canales de tráfico:

TCH/Fxx- Canal de Tráfico a velocidad completa para datos. Lleva datos de usuario donde las letras xx representan el régimen binario que puede ser de 9,6; 4,8; o 2,4 Kbps

TCH/Hxx - Canal de Tráfico a velocidad mitad para datos. Lleva datos de usuario donde las letras xx representan el régimen binario que puede ser de 4,8; o 2,4 Kbps

Cuando transmitimos a velocidad completa, los datos están contenidos en un TS por trama. Cuando transmitimos a velocidad mitad, los datos de usuario se transportan en el mismo slot de tiempo, pero se envían en tramas alternadas.

6.4-Canales de Señalización

Se definen tres categorías de canales de señalización: difusión ("broadcast" ó BCH), comunes (CCCH) y dedicados (DCCH). Cada canal de señalización consiste en varios canales lógicos distribuidos en el tiempo para proporcionar las funciones de control necesarias en GSM.

6.4.1-Canales "Broadcast" (BCH)

Los canales de difusión **BCH** operan en el "downlink" es decir parten de la estación base y tienen con objetivo, proporcionar al terminal móvil la información necesaria para que se sincronice con la red. Hay tres tipos de canales **BCH**.

BCCH o canal de control de difusión, informa al MS los parámetros que necesita para identificar la red ò lograr acceso a ella. Entre otros, se pueden señalar el Código de Área Local, el Código de Red Móvil que identifica al operador, la nómina de canales que están en uso en una celda dada y otros parámetros para el acceso.

FCCH o canal de corrección de frecuencia. Permite a cada estación móvil sincronizar su frecuencia interna de oscilación a la frecuencia exacta de la estación base. Este canal lógico es transportado por un tipo especial de ráfaga, el *frecuency correcction burs*, que a su vez sólo puede contener a este canal lógico.

SCH o canal de sincronización. Se envía en el TS0 de la trama inmediatamente después del FCCH y se usa para identificar a la estación base servidora mientras que permite a cada móvil la sincronización de las tramas con ella. También está íntimamente asociado a un tipo especial de canal físico: el *synchronization burst*.

6.4.2-Canales de Control Comunes (CCCH)

Los canales de control común **CCCH** permiten el establecimiento de un enlace dedicado entre el MS y la BTS. Pueden partir tanto del móvil como de la estación base, pero son unidireccionales. Son utilizados para realizar el establecimiento previo de un enlace entre móvil y base. Vamos a describir estos tipos de canales.

RACH o canal de acceso aleatorio. Es un canal "uplink" usado por el móvil para solicitar un canal dedicado de red. También tiene un tipo especial de canal físico asociado, el *random access burst*. Antes de que el enlace permanente sea establecido, habrá que medir el retardo del móvil y ello se hace en este canal.

PCH o canal de *paging*. Lo utiliza la BTS para avisar a los móviles si se ha producido alguna llamada procedente de la PTSN. Alternativamente, el PCH se puede usar para proporcionar envíos de mensajes tipo ASCII en las celdas, como parte del servicio SMS.

AGCH o canal de concesión de acceso. Es la respuesta de la BTS a la llegada de un RACH y lleva datos que ordenan al móvil operar en un canal físico en particular (en un determinado TS y en un ARFCN) con un canal de control dedicado.

6.4.3-Canales de Control Dedicados (DCCH)

Los canales de control dedicados **DCCH,** se usan para proporcionar servicios de señalización requeridos por los usuarios. Los canales de control asociados lentos y rápidos SACCH y FACCH se usan para supervisar las transmisiones de datos entre la estación móvil y la estación base durante una llamada. Hay **tres** tipos de canales de control dedicados en GSM, y, al igual que los canales de tráfico, son bidireccionales y tienen el mismo formato y función en el uplink como en el downlink.

SDCCH lleva datos de señalización siguiendo la conexión del móvil con la estación base, y antes de la conexión, lo crea la estación base. El SDCCH se asegura que la MS y la estación base permanecen conectados mientras que la BTS y el MSC verifican los datos del abonado y localizan los recursos para el móvil.

SACCH está siempre asociado a un canal de tráfico o a un SDCCH y se asigna dentro del mismo canal físico. El SACCH lleva información general entre la MS y el BTS. En el downlink, se usa para enviar información en forma regular sobre los cambios de control al móvil, tales como instrucciones sobre la potencia a transmitir e instrucciones específicas de temporización para cada usuario del ARFCN. En el uplink, lleva información acerca de la potencia de la señal recibida y de la calidad del TCH,

FACCH lleva mensajes urgentes, y contienen esencialmente el mismo tipo de información que los SDCCH. Un FACCH se asigna cuando un SDCCH no se ha dedicado para un usuario particular y hay un mensaje urgente (como una respuesta de handover). El FACCH gana tiempo de acceso a un slot "robando" tramas del canal de tráfico al que está asignado.

6.5-Ejemplo de una llamada GSM

A partir de considerar una llamada, podremos comprender cómo se usan los diferentes canales de tráfico y de señalización en GSM.

Primero, la estación móvil debe estar sincronizada a una estación base cercana. Recibiendo los mensajes FCCH, SCH y BCCH, el móvil se enganchará al sistema y al BCH apropiado.

Para originar una llamada, el usuario marca los dígitos correspondiente a su interlocutor y presiona el botón "enviar" del teléfono. El móvil transmite una ráfaga de datos RACH, usando el mismo ARFCN que la estación base a la que está enganchado. La estación base entonces responde con un mensaje

AGCH sobre el CCCH asignando al móvil, un nuevo canal para una conexión SDCCH. El móvil, que está recibiendo en el TS0 del BCH, recibe su asignación de canal físico por parte del AGCH e inmediatamente cambia su sintonía a su nuevo ARFCN y TS. Atención que esta nueva asignación es físicamente el SDCCH (no el TCH).

Una vez sintonizado al SDCCH, el móvil espera a la trama que se le transmite (la espera será como máximo 26 tramas de 120 ms), y que le informa la temporización adecuada y le da los comandos de potencia a transmitir. La estación base es capaz de determinar estos valores, gracias al último RACH enviado por el móvil, y entonces envía los valores adecuados a través del SACCH. Hasta que estas señales no le son enviadas y procesadas, el móvil no puede transmitir ráfagas normales como se requieren para un tráfico de voz.

El SDCCH envía mensajes entre la unidad móvil y la estación base, teniendo cuidado de la autenticación y la validación del usuario, mientras que la PSTN conecta la dirección marcada con el MSC, y el MSC conmuta un camino de voz hasta la estación base servidora.

Después de pocos segundos, la unidad móvil está dirigida por la estación base a través del SDCCH que le devuelve un nuevo ARFCN y un nuevo TS para la asignación de un TCH. Una vez devuelto el canal de tráfico, los datos de voz se transfieren a través del uplink y del downlink, la llamada se lleva a cabo con éxito, y el SDCCH es liberado.

Cuando se originan llamadas desde la PSTN, el proceso es bastante similar. La estación base envía un mensaje PCH durante el TS0 en una trama apropiada del BCH. La estación móvil, enganchada al mismo ARFCN, detecta que se lo busca y contesta con un mensaje RACH reconociendo haber recibido la solicitud. La estación base entonces usa el AGCH sobre el CCCH para asignar un nuevo canal físico a la unidad móvil, su conexión al SDCCH y al SACCH mientras la red y la estación base están conectadas. Una vez que el móvil establece sus nuevas condiciones de temporización y de potencia sobre el SDCCH, la estación base gestiona un nuevo canal físico a través del SDCCH, y se hace la asignación del TCH.

6.6-Estructura de las tramas en GSM

Las ráfagas de datos que cada usuario transmite en el slot de tiempo asignado, pueden tener uno de estos cinco posibles formatos, definidos en el estándar GSM.

Las ráfagas normales se usan para transmisiones TCH y DCCH tanto para el "uplink" como para el "downlink". Las ráfagas FCCH y SCH se usan en el TS0 de tramas específicas, para enviar los mensajes de control de frecuencia y sincronización temporal en el downlink. La ráfaga RACH es usada por todos los móviles para acceder al servicio desde cualquier estación base, y la ráfaga vacía se usa para rellenar información en slots inutilizados en el downlink.

La estructura de datos dentro de una ráfaga normal, (figura 6.3) está formada por 148 bits que se transmiten a una velocidad de 270.833333 Kbps (8.25 bits sin uso proporcionan un tiempo de guarda al final de cada ráfaga). Del total de 148 bits por TS, 114 son bits de información que se transmiten en dos secuencias de 57 bits al comienzo y al final de la ráfaga. En el centro de la ráfaga hay una secuencia de 26 bits de entrenamiento que permiten al ecualizador adaptativo del móvil o de la estación base analizar las características del canal de radio antes de descodificar los datos.

A cada lado de la secuencia de entrenamiento se encuentran los dos "stealing flags". Estos dos "flags" se usan para distinguir si el TS contiene datos de voz (TCH) o control (FACCH), ambos con el mismo canal físico. Durante una trama, el móvil usa un solo TS para transmitir, uno para recibir, y puede usar seis slots para medir la potencia de la señal de cinco estaciones bases adyacentes así como la de su propia estación base.

Tal como se dijo anteriormente, hay ocho slots por trama TDMA, y el periodo de trama es de 4.615 ms. Una trama contiene 8 x 156.25 = 1250 bits, aunque algunos periodos no se usan. La velocidad de las tramas es de 270.833 Kbps/1250 bits/trama es decir 216.66 tramas por segundo. Las tramas decimotercera y vigesimosexta no se usan para tráfico, sino para tareas de control. Cada una de las tramas normales se agrupa en estructuras más grandes llamadas multitramas que a su vez se agrupan en supertramas y éstas en hipertramas.

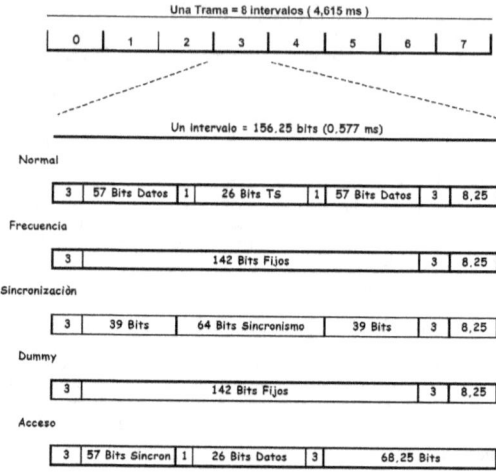

Figura 6.3

Una multitrama contiene 26 tramas TDMA, y una supertrama contiene 51 multitramas, ó 1326 tramas TDMA. Una hipertrama contiene 2048 supertramas, o 2.715.648 tramas TDMA. Una hipertrama completa se envía cada 3 horas, 28 minutos, y 54 segundos, y es importante en GSM dado que los algoritmos de encriptación relacionan este particular número de tramas, y sólo se puede obtener una suficiente seguridad si se usa un número suficientemente grande como el que proporciona la hipertrama.

Las multitramas de control ocupan 51 tramas (235,365 ms), a diferencia de las 26 tramas (120 ms) usadas por los canales de tráfico o dedicados. Esto se hace intencionadamente para asegurar que cualquier móvil (si está en la celda servidora o en la adyacente) recibirá con seguridad las transmisiones del SCH y el FCCH del BCH.

7
Servicios prestados por la red móvil

7.1-Introducción

En este capítulo, se presentarán, aquellos servicios básicos ofrecidos por la red GSM y por ende los más utilizados por el usuario. El primero de ellos está relacionado con el servicio de voz y los procesos que se llevan a cabo de acuerdo al punto donde se inicie la solicitud.

Otro servicio a tratar es el de los mensajes cortos o SMS, toda una moda en su momento hoy fue suplida por otra mensajería, cambiando los hábitos sociales y produciendo una magnífica fuente de ingreso para los operadores.

También se describirá brevemente el acceso a Internet desde el móvil, y aquellos servicios que aún cuando no son directamente utilizados por el usuario, hacen al funcionamiento eficiente del sistema y su relación con otros.

7.2-Llamada telefónica

7.2.1-Originada en un teléfono fijo

Se considera en primer lugar una llamada que se origina en una línea de la red pública fija, PSTN (*Public Switched Telephone Network*) para llegar a un terminal móvil. En la práctica esto parece algo muy sencillo, pero veremos que estamos frente a procesos de señalización, localización y conexiones entre centrales de conmutación que tiene ciertas complicaciones.

Para iniciar la llamada, el abonado de la red fija, marca el número del terminal móvil, que puede estar compuesto por: Prefijo del país, código de destino nacional y número de abonado. Por ejemplo: +54 351 155 931872 Este número es conocido como MSISDN (*Mobile Subscriber Internacional ISDN Number*).

La PSTN realiza el análisis del número llamado y obtiene la ruta de la red, adonde el teléfono móvil se suscribió PLMN *(Public Land Mobile Network)*. Identifica la red móvil (prestador del servicio) y después de esto, accede a través de la pasarela móvil más cercana GMSC (*Gateway Mobile Services Switching Centre*).

La pasarela, analiza el número igual que lo hizo la central PSTN y como resultado del análisis obtiene la dirección HLR, en donde el abonado está registrado. Hay que tener en cuenta que la GMSC no tiene información sobre la posición del usuario, estos datos se encuentran en dos bases de datos, el HLR y el VLR. La GMSC solo conoce la dirección HLR y allí envía el pedido de que se localice al abonado para establecer la llamada, cabe señalar que en la petición se incluye el número de abonado que se está buscando.

Siguiendo con el proceso, en la base de datos del HLR se comprueba el número y se saca información de cuál es la localización que tiene el móvil, ya que constantemente tiene datos de cuál es el VLR donde está registrado el usuario.

Para que se produzca una comunicación vocal, se necesita que dos MSC's estén conectados. El primer MSC es la pasarela GMSC conectada a la central PSTN y donde el HLR oficia de co-organizador de la conexión entre el GMSC y la MSC de destino, puede darse el caso de que sea la propia GMSC también.

Para una mejor comprensión, de cómo el HLR encuentra a un usuario llamado, se listarán los contenidos de la base de datos, que están basados en cuatro campos.

MSISDN

IMSI

Dirección VLR

Datos del abonado

El primero de ellos, es el número de identificación de abonado (MSISDN), y además, aparece otro número conocido como identificador internacional de abonado móvil (IMSI), este es un número de 15 dígitos que sirve para identificar al abonado en la red móvil, los dígitos que lo forman están divididos en tres campos que son:

MCC, Mobile Country Code (tres dígitos).

MNC, Mobile Network Code (dos dígitos)

MSIN, Mobile Subscriber Identification Number (diez dígitos)

El IMSI se usa para registrar al usuario en la red pública móvil (PLMN) y para localizar a un abonado y permitir la conexión de tráfico, el HLR tiene que asociar el MSISDN con el IMSI del abonado móvil.

Los campos del MSISDN tienen distintas longitudes de acuerdo al prestador y al país, por lo que se necesita un identificador común, como es el IMSI. Otra de las razones es que el MSISDN especifica el servicio usado (voz, datos, fax, etc), por lo que un abonado podría necesitar distintos MSISDN´s según los servicios usados, mientras que así solo necesitará un solo IMSI.

Otro de los campos, especifica la dirección del VLR y el MSC (que es una misma) y cuando se consulta un HLR, este identifica y pregunta al MSC/VLR que está sirviendo en ese momento al abonado llamado, cual es el estado del móvil, a fin de evitar por ejemplo, intentar establecer una llamada con un terminal que está desconectado. Aparte de esto se necesita conocer una serie de datos que permita al GMSC encaminar la llamada hacia el MSC correspondiente, donde quiera que se encuentre. Esto se logra por medio de los siguientes pasos:

Después de recibir el mensaje del HLR, el servidor MSC/VLR genera un número de itinerancia de la estación móvil (MSRN, *Mobile Station Roaming Number*) que lo asocia con el IMSI. Este número, consta de los mismos campos que el MSISDN, aunque son utilizados para distintos propósitos.

El MSISDN se usa para interrogar al HLR mientras que el MSRN es la respuesta que da el servidor MSC/VLR identificando al usuario, con esto, indicando a las centrales de conmutación a qué otras centrales intermedias deben encaminar la llamada. En esencia el número de abonado en el MSISDN contiene una referencia a la base de datos del HLR, mientras que el número de abonado del MSRN contiene una referencia a la base de datos del VLR.

El MSC/VLR comunica el número de itinerancia al HLR, este no lo analiza, porque el MSRN se usa solamente para transacciones de tráfico. Recordar que el HLR es solamente una base de datos que ayuda en la localización del abonado y coordina el establecimiento de la llamada.

Cuando el GMSC recibe el mensaje proveniente del HLR, que contiene el MSRN, lo analiza, y el número identifica la posición del usuario que está siendo llamado. Como consecuencia de este análisis, se inicia el proceso de encaminamiento de la llamada, al servidor MSC/VLR correspondiente.

La fase final del proceso, la lleva a cabo este servidor, quién gracias a los datos que le fueron entregados, sabe que no es una nueva llamada sino una que concluye en él, es decir, una llamada en la que ya está asignado un MSRN. Con esto, el VLR establece que el número de abonado de destino está en su base de datos y se le pueda pasar la llamada que estaba dirigida a él.

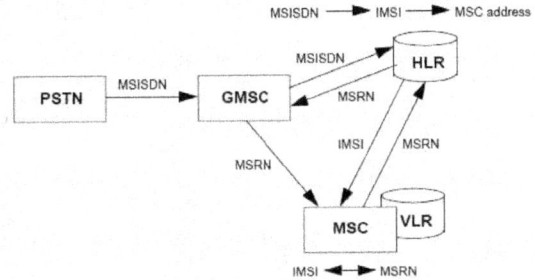

Figura 7.1

7.2.2-Originada en un móvil

Una llamada que es iniciada por un abonado móvil, cumple los siguientes pasos: El abonado marca un número o, dicho de otra manera, pide un servicio a la red a la cual está registrado como visitante en ese momento. Tras recibir la petición, la red analiza los datos del abonado que inicia la llamada, los cuales les serán necesarios para realizar tres operaciones:

Autorización de uso de la red.

Activación del servicio solicitado.

Encaminar la llamada

La llamada puede tener como destino, otra estación móvil o un teléfono de la red fija.

Si la llamada es dirigida a un teléfono de la red fija, se encaminará hacia la PSTN, y de allí, se irá enrutando hacia su destino siguiendo los procedimientos establecidos para redes fijas, que asocian los números a posiciones fijas según el plan de numeración.

Si el destino es otra estación móvil que se encuentra en la misma red, el MSC comienza el procedimiento de localización hacia el HLR, que será procesado del mismo modo que si la llamada tuviera su origen en la PSTN.

Las dos condiciones previas necesarias para establecer una conexión punto a punto son identificar y localizar al abonado llamado. El MSISDN proporciona el servicio de identificación, pero para localización se requiere un sistema rápido y comprensivo para trazar la ruta hacia el abonado. Si la red no tiene información sobre la posición actual del abonado, establecer una llamada podría necesitar efectuar una búsqueda sobre grandes áreas de red para encontrarlo, lo que significa una tarea compleja y de larga duración. Para evitarlo GSM monitorea y guarda los movimientos de los abonados en cada momento mediante un proceso llamado actualización de posición (*location update*)

7.3-Actualización de posición.

Se pueden dar tres tipos distintos de actualizaciones de la posición, que son:

- Registrar la posición al encender el móvil

- Actualizaciones genéricas
- Actualizaciones periódicas

El primero **se lleva a cabo cuando se enciende una MS**, también se conoce como IMSI *Attach*, porque tan pronto como la estación móvil es encendida, informa al VLR de su nuevo estado.

Como respuesta, la red envía a la MS dos números que se guardarán en su tarjeta SIM. El primero, es el código de área de localización (LAC, *Locations Area Code*) que es enviado por la red mediante los canales de control de la interfase de radio. El otro número, es el identificador de usuario temporal móvil (TMSI, *Temporary Mobile Subscriber Identity*) y es utilizado por motivos de seguridad, para que el IMSI de un abonado no tenga que ser transmitido por el interfase radio. Así pues, se trata de una identidad temporal que es cambiada periódicamente.

Cada vez que el móvil recibe datos a través de los canales de control, lee el LAC y lo compara con el que tiene almacenado en la tarjeta SIM. En caso de que sean diferentes se lleva a cabo una **actualización de posición genérica**. El móvil comienza el proceso consultando al MSC/VLR que envió los datos de posición. El mensaje *chanel request* contiene la identidad del abonado (bién IMSI o TMSI) y el LAC que está almacenado en la SIM. Cuando el MSC/VLR en cuestión recibe la petición, lee el LAC antiguo que indica el MSC/VLR que se había encargado del móvil hasta ese momento. Se establece así una conexión de señalización entre los dos MSC/VLR y el IMSI del abonado es transferido desde el viejo MSC al nuevo. Usando este IMSI, el nuevo MSC solicita datos del abonado al HLR y actualiza el VLR tras la autenticación.

La **actualización periódica de posición** se lleva a cabo cuando la red no recibe ninguna petición de actualización desde el móvil en un cierto periodo de tiempo. Esta situación se presenta cuando el móvil es encendido pero no se origina ningún tráfico, o en caso de que el abonado se esté moviendo dentro de la misma área de localización.

Las actualizaciones periódicas, están controladas por contadores cuyo valor es establecido por el operador en el VLR. Este valor, además, es difundido por la red para que lo conozcan las estaciones móviles. Así pues, cuando el valor temporal es establecido, la estación móvil comienza un proceso de registro mediante el envío de una señal de petición de actualización. El VLR recibe la petición y confirma el registro del móvil dentro del área de localización.

Si la estación móvil no sigue este procedimiento es posible que se deba a un agotamiento súbito de la batería o que se encuentre fuera de cobertura, en este caso el VLR cambia los datos de localización del móvil a desconocido.

7.4-Mensajes Cortos de Texto - SMS

7.4.1-Características.

El estándar digital de telefonía móvil GSM, tiene varias características que son únicas para el servicio de mensajes cortos –SMS-, los cuales puede tener una longitud de hasta 160 caracteres, indistintamente pueden ser palabras, números o una combinación alfanumérica. En Argentina, la cantidad de caracteres varía, según los prestadores, Personal y Movistar permiten mensajes de 150 caracteres, y Claro, de 500 (fraccionado en grupos de 90 caracteres).

Los mensajes cortos no parten del remitente directamente al destino, sino que se envían a través de un centro de SMS. Cada red de telefonía móvil tiene uno o más de estos centros para manejar los mensajes cortos, el servicio utiliza la confirmación de la salida del mensaje, es decir, quién envía el mensaje, recibe luego otro mensaje haciéndole saber que su envío se ha concretado o no.

Los mensajes cortos se pueden traficar junto con la voz, o los datos, estos servicios hacen uso de un canal de radio dedicado durante la llamada, en cambio, los SMS viajan sobre un canal de señalización, independiente del tráfico.

7.4.2-Principales aplicaciones.

Las principales aplicaciones basadas en SMS son:

- Simples mensajes para comunicarse de persona a persona,.
- Notificaciones al usuario que tiene un nuevo mensaje de voz.
- Alertas de e-mail, los usuarios que disponen este servicio, son notificados cada vez que reciben un email.
- Descarga de Melodías.
- Mensajes para votar, muy utilizado en los reality con palabras preestablecidas como inicio.

En la actualidad, el uso de SMS en la red, ha alcanzado cifras críticas, siendo una parte muy importante en el quehacer diario de muchos usuarios, sobre todo en los de servicios prepago. Este uso masivo, ha traído consigo, la incorporación en los terminales de algoritmos de texto predictivo los que facilitan la escritura de mensajes reduciendo notablemente el número de teclas a pulsar.

7.4.3-Arquitectura

La Figura 7.2 muestra los elementos de red necesarios para proveer el servicio SMS.

SME (Short Messaging Entity), es la entidad que permite el envío o la recepción de mensajes cortos, generalmente instalada en el centro de servicio.

SMSC (Shor Message Service Center), es el responsable del almacenamiento y la transmisión de un mensaje corto, entre el SME y una estación móvil.

SMS-Gateway/Interworking MSC (SMS-GMSC) es un MSC capaz de recibir un mensaje corto de un SMSC, interrogar al HLR (Home Location Register) para disponer datos para el encaminamiento y así envía el mensaje corto al MSC que corresponda a la estación móvil receptora.

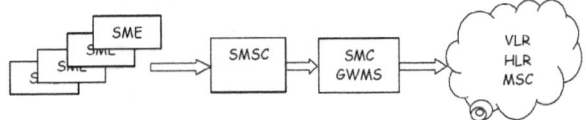

Figura 7.2

7.4.4-Operaciones para el envío de SMS´s.

7.4.4.1-Pasos para la transmisión.

1. El mensaje corto es enviado del SME al SMSC.
2. Después de completar su proceso interno, el SMSC pregunta al HLR y recibe de la misma información de encaminamiento del usuario móvil.
3. El SMSC envía el mensaje corto hacia el MSC.
4. El MSC extrae la información del usuario del VLR. Esta operación puede incluir un procedimiento de autenticación.
5. El MSC transfiere el mensaje corto al MS.
6. El MSC devuelve al SMSC el resultado de la operación que se llevó a cabo.

7. Si lo solicita el SME, el centro de almacenamiento, SMSC devuelve un informe indicando la salida del mensaje corto.

7.4.4.2-Pasos para la recepción.

1. La MS trasfiere el mensaje corto al MSC.

2. El MSC interroga al VLR para verificar que el mensaje transferido no viola los servicios suplementarios o las restricciones impuestas.

3. El MSC envía el mensaje corto al SMSC usando el mecanismo Forward Short Message.

4. El SMSC entrega el mensaje corto al SME.

5. El SMSC reconoce al MSC el éxito del envío.

6. El MSC devuelve a la MS el resultado de la operación de envío.

7.5-Internet móvil

El servicio que une la telefonía móvil con el acceso a Internet, está haciendo crecer ambos mercados de manera muy importante. La baja capacidad de transmisión de datos de los sistemas de segunda generación de telefonía móvil, y las reducidas dimensiones de las pantallas de los móviles no permitían una unión lo suficientemente atractiva, aunque si funcional.

Bien es verdad que la aparición de WAP – Protocolo de Aplicaciones Inalámbricas, permitió acceder a diversos contenidos de Internet desde el móvil, para ello, la nueva generación de telefonía móvil mejoro la velocidad de conexión, y por ende, los terminales están más orientados a comunicaciones de diversos tipos y características (voz, datos, imágenes, etc.) Esto hace que los móviles, agendas personales, laptops, y demás dispositivos de mano, sean los verdaderos dominadores del acceso a Internet, dejando en un segundo lugar las PC de escritorios.

La necesidad de acceder a Internet desde un móvil ha hecho que WAP cobre relevancia muy rápidamente. En realidad, es un conjunto de protocolos lo que permite establecer una conexión con Internet e intercambiar información con ésta, cabe aclarar que no está directamente vinculada con GSM, puede funcionar sobre tecnologías móviles de segunda o tercera generación (GSM, D-AMPS, CDMA, UMTS) Los teléfonos WAP cuentan con un navegador especial, que interpreta páginas escritas en una versión reducida del HTML, denominada WML. Existe también una versión reducida del Java Script para navegadores WAP, conocida como WML Script.

7.5.1-Arquitectura básica

La tecnología WAP se basa en 3 elementos:

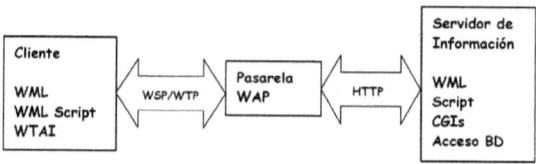

Figura 7.3

El cliente o dispositivo WAP que está provisto de un navegador que constituye la interfaz de usuario para realizar estas funciones. El micro-navegador interpreta páginas WML, que sería el equivalente al HTML del internet "fijo".

71

En el otro extremo, un servidor de información Web que le permite el acceso a las páginas, así como cualquier otra lógica basada en CGIs, acceso a bases de datos o lenguajes de script.

Y entre ambos, una pasarela que constituye la interfaz entre la red inalámbrica y la red física. Es lo que se conoce como el WAP *Gateway*. WAP es compatible con servidores HTTP 1.1, lo que facilita la adopción del estándar por parte de los proveedores de contenidos Web ya existentes.

En la actualidad, aplicaciones más extendidas de los teléfonos WAP pasan por el acceso a las casillas de correo electrónico, a las noticias, pago de compras, recepción de avisos, etc.

7.6-Consecuencias de la movilidad

7.6.1- Gestión de la localización

La movilidad propia de los usuarios, en un sistema de telefonía celular es lo que marca la diferencia con la telefonía fija, en particular con las llamadas recibidas. Una red puede encaminar una llamada hacia un usuario fijo simplemente sabiendo su dirección de red (su número de teléfono), dado que el conmutador local, al cual se conecta la línea del abonado, no cambia. Sin embargo en un sistema de telefonía móvil, la celda en la que se debe establecer el contacto con el usuario cambia cuando éste se mueve.

Para recibir una llamada, primero se debe localizar al usuario móvil, y después el sistema debe determinar en qué celda está en ese momento. En la práctica se usan tres métodos diferentes para tener este conocimiento.

En el primer método, la estación móvil indica cada cambio de celda que realiza a la red, a esto se le llama actualización sistemática de la localización a nivel de celda, cuando llega una llamada, se necesita enviar un mensaje de búsqueda sólo a la celda donde está el móvil, ya que ésta es conocida.

Un segundo método sería enviar un mensaje de página a todas las celdas de la red cuando llega una llamada, evitándose así la necesidad de que el móvil esté continuamente avisando a la red de su posición.

El tercer método es un compromiso entre los dos primeros, introduciendo el concepto de área de localización. Esta área, es un grupo de celdas, que posee una determinada identidad, y esta información, se envía a través de un canal de difusión ("broadcast"), permitiendo a las estaciones móviles saber sobre qué área de localización están en cada momento, así cuando una estación móvil cambia de celda se pueden dar dos casos:

- Ambas celdas están en la misma área de localización: la estación móvil no envía ninguna información a la red.

- Las celdas pertenecen a diferentes áreas de localización: la estación móvil informa a la red de su cambio de área de localización.

Cuando llega una llamada solamente se necesita enviar un mensaje a aquellas celdas que pertenecen al área de localización que se actualizó la última vez. GSM realiza éste método.

7.6.2-Handover (función de traspaso)

Cuando una llamada está en progreso, la movilidad del usuario puede inducir a la necesidad de cambiar de celda. Al proceso de la transferencia automática de una comunicación (de voz o datos) en progreso de una celda a otra para evitar los efectos adversos de los movimientos del usuario se le llama "handover" (en redes analógicas se le llamaba "handoff"). Existen tres motivos por los que se puede producir un handover:

El primero y más frecuente, es la necesidad de que la comunicación continúe realizándose a través de otro canal u otra célula, cuando el usuario se desplaza.

El segundo caso está referido a la necesidad de mejorar el comportamiento de la red, disminuyendo el nivel de interferencia en la misma, al proporcionar al móvil acceso a una célula a través de la cual la comunicación se puede producir con menor nivel de señal, sin que esto implique que haya perdido cobertura de la primera célula.

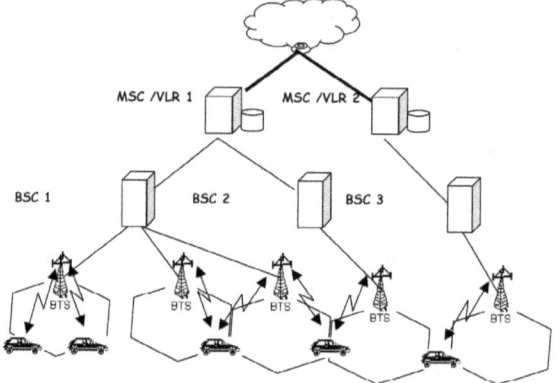

Figura 7.4

Y por último, aunque es algo más complejo, aquel handover que se produce para mejorar las condiciones de tráfico en una célula congestionada, permitiendo el traspaso a células vecinas.

En cualquiera de los casos que se requiera un handover, la decisión de realizar dicho traspaso corresponde a la BSC (estación controladora de bases) que es quién maneja en esos momentos la llamada.

En función de la célula destino, el handover puede ser:

- Intracelular, cuando sólo se hace un cambio de frecuencia dentro de la misma célula;

- Intra-BSC, cuando las células origen y destino del handover los controla el mismo BSC;

- Inter-BSS, intra-MSC, cuando además de cambiar de célula, también se cambia de BSC, siempre con el control de una misma MSC.

- Inter-MSC, cuando las células origen y destino dependen de MSCs diferentes.

7.6.3- "Roaming" (Itinerancia)

Si se dispone de un enlace fijo de ADSL, esto está diciendo de que ya se ha elegido el prestador del servicio, pero cuando consideramos la movilidad a otros países, todo cambia, porque diferentes prestadores pueden proporcionar servicio de telefonía móvil, a un usuario dado dependiendo de dónde esté ubicado.

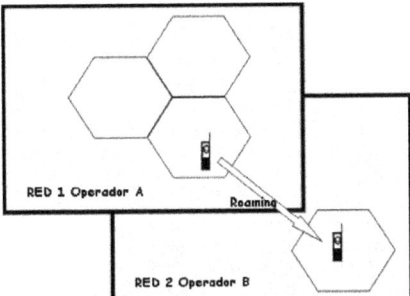

Figura 7.5

Esta cooperación entre diferentes operadores de red, permite ofrecer al abonado, un área de cobertura mucho mayor que cualquiera de ellos pudiera ofrecer por sí mismo, permitiendo una itinerancia al usuario sin perder identidad como tal.

El roaming se puede proporcionar sólo si se dan una serie de acuerdos administrativos y técnicos, entre los prestadores. Se debe resolver entre ellos, cosas tales como las tarifas, acuerdos de abonados, etc., desde el punto de vista técnico, ha de considerarse la transferencia de llamadas, el intercambio de información de los datos de abonados y de localización entre redes, entre otras.

8
GPRS

8.1 - Introducción

Como ya se ha dicho, GSM, es un estándar de la tecnología digital 2G, basada en TDMA y en la conmutación de circuitos. En su pretensión de llegar a 3G, quedó en el conjunto GSM/GPRS (General Packet Radio Service) y se lo consideró como una tecnología 2.5G, pues pese a tener un ancho de banda estrecho comparado con el esperado para la 3G, es una tecnología que supera al estándar digital 2G, el cual no poseía la capacidad para acceder a redes de conmutación de paquetes.

Si el acceso a los contenidos de Internet, se realizaran a través de un servicio portador basado en conmutación de circuitos como GSM, el resultado sería una elevada ineficiencia en la utilización de los recursos de radio, lo cual provoca un alto costo para los usuarios. En estas condiciones el sistema GSM proporcionaría a cada terminal móvil un enlace ascendente y otro descendente a 9600 bps, que se mantendría durante toda la transmisión.

Con la aparición de GPRS, como extensión de GSM para comunicaciones de datos en modo conmutación de paquetes, se realiza el primer paso hacia las redes celulares de tercera generación. Las connotaciones que implica son diversas, en primer lugar, con los mismos recursos espectrales se puede dar servicio a un mayor número de usuarios y, por otro lado, facilitar a los usuarios, con un costo más accesible, servicios de Internet con una calidad aceptable, superando en muchos casos el acceso a través del modem analógico. Pero tal vez la característica más importante de GPRS es su conexión de datos siempre activa, al trabajar como una red de paquetes de datos sobrepuesta a la red inalámbrica por conmutación de circuitos de GSM.

El tener la conexión de datos siempre activa, no significa que hay siempre un vínculo para la transferencia de estos, sólo representa que los paquetes pueden ser transmitidos casi inmediatamente, sin que exista un costo de conexión. Esto permite aplicaciones interactivas, en tiempo real, con información actualizada, exactamente cuando el usuario la necesita. Sin GPRS, los servicios de datos 2G requieren una conexión dedicada de la línea, y el resultado es que al usuario se le carga un minuto de comunicación aunque envíe un solo paquete de datos.

8.2 - La Red GPRS

GPRS posee una alta capacidad para el servicio de transmisión de paquetes extremo a extremo sobre la red de telefonía móvil GSM. Está diseñado con el propósito de permitir a los abonados estar permanentemente conectados sin usar recursos extra de la red, logrando un uso eficiente de los canales físicos.

Los elementos existentes de la red GSM solamente necesitan una actualización del software, excepto la BSC que requiere la instalación de un dispositivo de hardware, la PCU (Packet Control Unit), tal como puede verse en la figura 8.1.

Se introducen a la red dos nuevos nodos, el SGSN (Serving GPRS Support Node) y el GGSN (Gateway GPRS Support Node). Ambos están interconectados mediante routers IP.

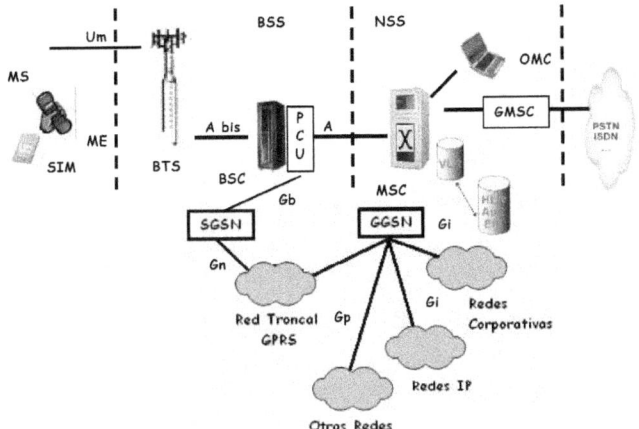

Figura 8.1

8.2.1-Funciones de cada Nodo

El **SGSN** se encarga básicamente del enrutamiento de los paquetes de datos (tunneling) hacia las MS, gestión de movilidad de las MS, cifrado y autenticación de la información, administración de los canales lógicos y conexión a los demás nodos de la red: MSC, HLR, BSC, SMS-C (Centro de administración del servicio de mensajes cortos de texto).

Por su parte, el **GGSN** contiene la interfaz hacia otras redes IP externas, realiza el tunnelling entre él mismo y el SGSN, maneja funciones de tarifación, mantiene información del SGSN al cual se conecta cada usuario e implementa firewalls.

Los nodos SGSN/GGSN están físicamente separados de la parte de conmutación de circuitos de la red GSM. Se puede hacer referencia a cualquiera de los dos nodos (o a ambos) mediante el concepto más general de GSN (GPRS Support Node).

8.2.2-Interfaces y Protocolos en la red GPRS

I. Interfaces basadas en Frame Relay: Gb

Los estándares ETSI especifican que en la interfaz Gb, entre la BSC y el SGSN, debe emplearse Frame Relay como protocolo de enlace de datos, sobre enlaces físicos E1.

II. Interfaces basadas en SS7 - Los protocolos de SS7, se utilizan en las interfaces:

- Gd (entre SGSN y SMS SC)

- Gr (entre SGSN y HLR)

- Gs (entre SGSN y MSC)

III. Interfaces basadas en IP sobre otros protocolos - se aplica para las interfaces:

Gn (entre SGSN y GGSN)

Gi (entre GGSN y Red IP)

Gp (entre GGSN y Otras PLMNs)

8.2.2.1-Adaptación del BSS para GPRS

GPRS y GSM pueden coexistir dentro de la infraestructura GSM, utilizando el mismo conjunto de recursos físicos de la interfaz de radio. Esto significa que es posible mezclar canales lógicos GPRS con canales de circuitos conmutados en la misma portadora de RF. Los recursos GPRS son asignados en forma dinámica dentro de los silencios de las sesiones de circuitos conmutados.

Es decir que GPRS utiliza los mismos canales físicos que GSM de circuitos conmutados pero con un mejor aprovechamiento de los canales lógicos, ya que estos son compartidos por varios usuarios, y se asignan solamente cuando se transmiten o reciben datos.

Al bloque BSC, se le debe agregar una nueva unidad de hardware, la unidad controladora de paquetes (PCU). Cada PCU puede servir solo a una BSC (o BSC/TRC) y esta se conecta con el SGSN mediante la interfaz abierta Gb, ya descripta.

8.2.2.2-Estación Base (BTS)

Por lo general, solo se requiere la instalación de nuevo software para que la radio base pueda manejar GPRS.

La interfaz A-bis es compartida por los tráficos de circuitos conmutados y GPRS. Luego, el tráfico de paquetes se envía a los GSN mediante la interfaz abierta Gb.

8.2.2.3-Manejo de los recursos de radio para GPRS

GPRS está basado en un nuevo tipo de canal lógico de radio, que es optimizado para transmitir paquetes de datos, denominado PDCH (Packet Data Channel).

Estos PDCH´s pueden asignarse de diferentes maneras: ya sea como recursos fijos dedicados para el uso de GPRS o bien como recursos GPRS bajo demanda ("on demand"), prestando servicio temporalmente en forma dinámica.

Los PDCH´s dedicados no pueden ser utilizados por el tráfico de circuitos conmutados. En cambio, los PDCH´s bajo demanda pueden ser utilizados por los usuarios entrantes de circuitos conmutados, quienes además tienen prioridad sobre el tráfico de paquetes GPRS en este tipo de canal.

El operador de la red puede determinar entre 0 y 8 PDCH´s dedicados por celda (portadora). Por otra parte, no hay límite físico para la asignación de PDCH´s bajo demanda en una misma celda, dependiendo esa cantidad del volumen de tráfico de circuitos conmutados GSM que haya o se prevea.

El sistema posee una función de supervisión de carga, de manera que en una celda con uno o más PDCH dedicados, se asignan PDCH´s bajo demanda cuando el número de usuarios GPRS aumenta demasiado, siempre que haya canales disponibles.

El primer canal PDCH dedicado que el operador asigna a una celda, es llamado Canal Máster (MPDCH) y establece el Canal Común de Control de Paquetes (PCCCH), que llevará toda la señalización necesaria para iniciar la transferencia de paquetes. También establece los canales de tráfico de paquetes ya sean dedicados o bajo demanda.

En una celda sin PDCH´s dedicados, son los canales de control ordinarios de GSM (BCCH, RACH, etc) los encargados de manejar la difusión y la señalización de GPRS hacia las MS.

Un PDCH bajo demanda regresa a su configuración original de recursos GSM si no hay usuarios GPRS móviles en el canal físico, lo hace automáticamente luego de un cierto tiempo. Por otra parte, un PDCH dedicado solo puede retomar sus recursos básicos de canal GSM por medio de comandos del operador de red. Un PDCH utiliza una estructura de 52 tramas TDMA.

8.3-Impacto de GPRS en la Red de Radio de GSM

Los recursos GPRS pueden ser alojados dinámicamente en los segmentos de tiempo vacíos de las sesiones GSM de circuitos conmutados y viceversa, las llamadas pueden ser cursadas por los PDCH´s bajo demanda. Es decir que éstos son vistos como recursos libres por los usuarios móviles de circuitos conmutados y así no se afecta la probabilidad de bloqueo de voz en la celda.

Un usuario de circuitos conmutados que solicite recursos en una celda sin TCH´s disponibles será bloqueado. Un usuario GPRS que arribe a una celda sin canales libres, puede ser dirigido a un PDCH existente. Esto se produce a expensas de la disminución de la calidad de servicio de otros usuarios GPRS que están usando ese canal. El ancho de banda del canal será compartido entre todos los usuarios GPRS presentes en el mismo.

La excepción de lo anterior es el caso de un usuario que solicite un canal en una celda donde todos los canales son usados como TCH. En este caso, el usuario no podrá tomar ningún recurso y el móvil GPRS permanecerá bloqueado hasta que disminuya la congestión del sistema.

9
LTE – 4° Generación

9.1 - Introducción

Reiterando lo dicho anteriormente, la telefonía móvil, está en continuo crecimiento y no se detiene en su marcha por introducir nuevas tecnologías para ofrecer a los usuarios un mejor servicio.

Hoy estamos muy cerca de la implementación masiva de la última generación, la 4G, que podríamos definir como **"Todo-IP"** donde se busca un sistema que permita conjugar una capacidad multimedia con una movilidad plena.

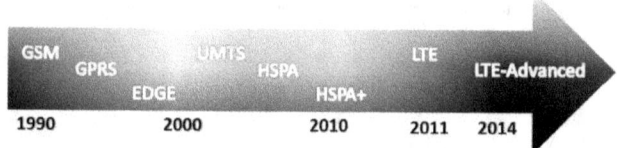

Con **LTE** (*Long Term Evolution*) se introducen muchas novedades respecto a los anteriores estándares, pero la mayor innovación, es que por primera vez, todos los servicios, incluida la voz, sean soportados por el protocolo IP. Las velocidades que se pueden llegar a conseguir en la interfaz radio con esta 4G, también aumentan respecto a la última generación llegando a un rango de 100 Mbps y 1 Gbps.

Si bien, no en forma pormenorizada, se presenta a continuación:
- La arquitectura del sistema LTE, con su red de acceso y red troncal.
- Las tecnologías utilizadas a nivel físico tanto para el enlace descendente, como ascendente.
- La técnica multi-antena y
- Las características principales de la interfaz radio del sistema.

9.2 - Arquitectura general del sistema LTE

A la arquitectura global del sistema LTE según las especificaciones se la denomina como *Evolved Packet System* (EPS). Los bloques funcionales son prácticamente los mismos que se vieron al describir el Sistema GSM.

Un equipo de usuario, una red de acceso que ahora se denomina E-UTRAN y una red troncal que se llama EPC. Todos los componentes que engloban este sistema están basados en mecanismos de conmutación de paquetes, ya que en el sistema LTE aún los servicios con restricciones de tiempo real, se soportan también mediante esta conmutación.

En la Figura 9.1 vemos un ejemplo de la distribución de la arquitectura del sistema LTE.

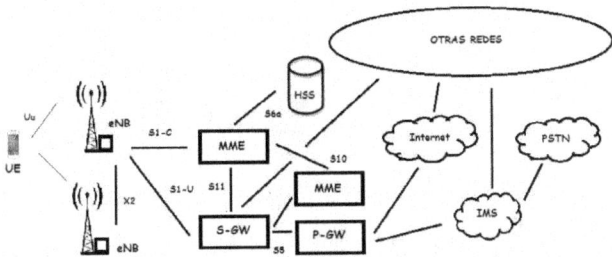

Figura 9.1

Otra característica de LTE es que se contempla la posibilidad de acceder a otras redes, ya sean GSM o UMTS, como también accesos inalámbricos como: CDMA2000, WiMAX Móvil, redes 802.11, etc.

La red física que se utiliza en LTE para interconectar todos los equipos del sistema, es una red IP convencional y se la denomina red de transporte. En la infraestructura de red LTE aparte de los equipos que realizan las funciones específicas del estándar, también se han de encontrar, elementos que son propios de redes de datos como routers, servidores DHCP, servidores de DNS, switches, etc.

9.2.1 - Red de Acceso evolucionada: E-UTRAN

En la red de acceso 4G/LTE, la estación base es una única entidad que se denomina *evolved NodeB* (eNB). Esta estación base integra todas las funcionalidades que se necesitan para proporcionar la conectividad entre los usuarios y la red troncal EPC, y en esto, hay un cambio importante respecto a las anteriores generaciones, donde además de las estaciones base (BTS), era necesario un equipo controlador (BSC). Esta diferencia se puede ver en la Figura 9.2.

Tal como se aprecia, el eNB tiene tres interfaces, una para establecer la comunicación con los usuarios, otra para todo lo relacionado con el control de la red y la tercera para hacerlo con otro eNB, generalmente vecino.

La interfaz de radio que comunica al usuario con la estación base utiliza un protocolo al que se denomina Uu, haciendo uso de un radiocanal. Todas las funciones y protocolos que se necesitan para realizar el envió de datos y controlar la interfaz se implementa como ya se dijo, en la misma eNB.

Esta estación base, se comunica con la red troncal, a través de la interfaz S1, en sus dos tipos, la S1-C y S1-U la primera para el plano de control y la segunda para el plano de usuario.

Al hacer referencia al "plano de usuario" se habla de la torre de protocolos empleados para el envío de tráfico de usuario a través de esta interfaz. De igual manera se puede definir el "plano de control" como la torre de protocolos necesarios para sustentar las funciones y procedimientos para gestionar la interfaz.

Esta separación entre las entidades de red, una dedicada al usuario y otra al control, permite dimensionar de forma independiente los recursos de transmisión necesarios para el soporte de la señalización del sistema y para el envío del tráfico.

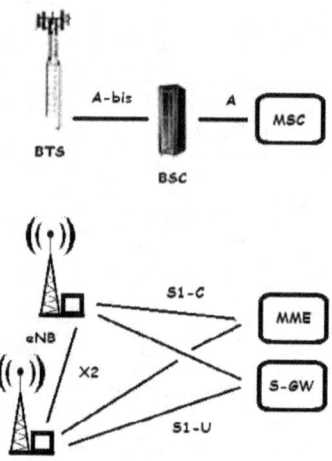

Figura 9.2

La otra interfaz que existe es la X2, que se utiliza para conectar los eNBs entre sí. Gracias a esta interfaz se pueden intercambiar tanto sea mensajes de señalización, que permiten una gestión más eficiente de los recursos radio, así como el tráfico de los usuarios del sistema cuando estos se desplazan de un eNB a otro en el momento de un traspaso (handover).

9.2.2 - Red troncal de paquetes evolucionada: EPC

Esta red ha sido concebida para proporcionar un servicio, como decíamos en la introducción, "todo-IP", es decir conectividad IP total.

El núcleo de la red troncal EPC está formado por tres entidades:
- Gestión de la Movilidad. MME (Mobility Management Entity).
- Pasarela de Servicios. S-GW (Serving Gateway) y
- Pasarela de Paquetes de Datos. P-GW (Packet Data Network Gateway)

Que, junto a la base de datos principal del sistema denominada HSS (Home Subscriber Server), como lo era en GSM, constituyen los elementos primordiales para la prestación del servicio de conectividad IP entre los equipos de usuario ligados al sistema mediante la red de acceso y las redes externas a las que se conecta la red troncal EPC. (Figura 9.1)

Se define a continuación cada una de estas entidades de red:

MME: Es el elemento principal del plano de control de la red 4G/LTE para gestionar el acceso de los usuarios. Todo terminal que se encuentre registrado en la red y sea accesible a través de eNB, tiene una entidad MME asignada. Esta elección de MME se realiza dependiendo de aspectos tales como la ubicación geográfica del terminal en la red, y también a criterios de balanceo de cargas.

Las principales funciones de esta entidad son:

- Autenticación y autorización del acceso de los usuarios, siempre a través de la red.
- Gestión de los servicios portadores EPS. Esta entidad es la encargada de gestionar la señalización que se necesita para establecer, mantener, modificar y liberar los servicios portadores.
- Gestión de movilidad de los usuarios en modo *idle* (son terminales que no tienen establecida ninguna conexión de control con la red de acceso pero están registrados en la red LTE.
- Señalización para el soporte de movilidad entre EPS y otras redes externas.

S-GW: es la pasarela del plano de usuario entre la red de acceso y la red troncal EPC. Igual que en la entidad MME, todo usuario registrado en la red LTE tiene asignado una entidad S-GW en la red EPC a través de la cual transcurre su plano de usuario.

Las características principales son:

- Proporciona un punto de anclaje en la red EPC con respecto a la movilidad del terminal entre distintas eNB´s.
- La funcionalidad de anclaje también se aplica a la gestión de la movilidad con las otras redes de acceso (GSM o UMTS).
- Almacenamiento temporal de los paquetes IP de los usuarios en caso de que los terminales se encuentren en modo *idle*.
- Encaminamiento del tráfico de usuario. Esta entidad es la que tiene la información y funciones de encaminamiento necesarias para dirigir el tráfico de subida hacia la pasarela P-GW que corresponda y el tráfico de bajada hacia el eNB.

PDN Gateway (P-GW): Es la encargada de proporcionar conectividad entre la red LTE y las redes externas. Por lo tanto, un paquete IP generado en la red LTE resulta "invisible" en la red externa, a través de la entidad P-GW, que hace de pasarela entre una red y otra. Un usuario tiene asignada como mínimo una pasarela P-GW desde su registro.

Principales características de esta entidad de red:

- Aplicación de reglas de uso de la red y control de tarificación a los servicios portadores que tenga establecidos el terminal.
- Asignación de una dirección IP al terminal, para ser utilizada en una determinada red externa. Esto lo hará la pasarela P-GW que corresponda.
- Actúa de punto de anclaje para la gestión de movilidad entre LTE y redes externas como (WiMAX, WiFi, CDMA2000, etc.)
- El trafico IP que transcurre por la pasarela P-GW es procesado a través de un conjunto de filtros que asocian cada paquete IP con el usuario y servicio portador EPS que corresponda.

HSS: es la base de datos principal que almacena información de todos los usuarios de la red. Los datos almacenados abarcan lo relativo a la subscripción del usuario como a lo necesario para la operatividad de la red. Esta base de datos es consultada y modificada desde las diferentes entidades de red encargadas de prestar los servicios de conectividad o servicios finales.

Esta base de datos, se estandarizo de acuerdo a las dos entidades definidas en redes GSM ya vistas y que se denominan HLR y AuC, a las que se les han añadido funcionalidades adicionales necesarias para soportar el acceso y la operatividad del sistema, como son identificadores universales del usuario, identificadores de servicio, información de seguridad y cifrado, información relacionada con la ubicación de un usuario en la red, etc.

9.2.3 - IP Multimedia Subsystem (IMS)

En la Figura 9.1 a IMS no se lo ha indicado como un bloque, sino que se lo ha representado por una nube, ya que es un **subsistema** que brinda los mecanismos de control necesarios para la prestación de servicios de comunicación multimedia que estén basados en la utilización del protocolo IP.

La infraestructura desplegada, está constituida por una serie de elementos (servidores, base de datos, pasarelas) que se comunican entre sí mediante protocolos específicos y que permiten ofrecer servicios de voz y video sobre IP, videoconferencia, mensajería instantánea, etc.

El modelo de prestación de servicio se estructura en tres capas:

Capa de transporte: proporciona el encaminamiento de los flujos IP entre terminales y demás elementos de la red, dependiendo de la tecnología de acceso.

Capa de control: aquí se ubican los elementos de la gestión de sesiones, como los servidores SIP, y otros elementos específicos para la interacción con redes telefónicas convencionales (pasarelas VoIP, controladores, etc.).

Capa de aplicación: en esta capa residen los servidores que albergan la lógica y datos asociados a los diferentes servicios proporcionados a través de IMS. En esta capa también se presentan elementos ligados a otras plataformas de servicios como redes inteligentes.

El establecimiento y liberación de sesiones se basa en el protocolo de señalización SIP el cual es un protocolo que se concibió para esto casualmente (telefonía, videoconferencia, etc.) a lo que se le suma una serie de extensiones adicionales, gracias a su flexibilidad, abarca una gama de aplicaciones mucho más extensa, mensajería instantánea, juegos distribuidos, control remoto de dispositivos, etc.

9.2.4 - Equipos de usuario

La arquitectura funcional de un equipo de usuario (*User Equipment*, UE) es la misma que se definió para GSM y contiene dos elementos básicos:

Modulo de subscripción de usuario: La SIM está asociada a un usuario y por tanto es quien le identifica dentro de la red independientemente del equipo móvil utilizado. La separación entre SIM y ME facilita que un usuario pueda cambiar de terminal sin necesidad de cambiar de identidad, de SIM.

El equipo móvil (ME): en él se integran las funciones propias de comunicación con la red celular, así como las funciones adicionales que permiten la interacción del usuario con los servicios que ofrece la red.

- Terminación móvil (MT): alberga las funciones propias de la comunicación.
- Equipo terminal (TE): equipo que se ocupa de la interacción con el usuario.

9-3 - Tecnologías de nivel físico. OFDMA, SC-FDMA y MIMO.

En este punto, se definen los fundamentos más importantes del nivel físico que se implementan en el sistema LTE y que permiten alcanzar mayores niveles de capacidad y eficiencia en el uso de los recursos radio comparado con las generaciones anteriores.

En el enlace descendente se usa la técnica de acceso múltiple denominada OFDMA (Orthogonal Frequency Division Multiple Access) y para el enlace ascendente, la técnica denominada SC-FDMA (Single Carrier Frequency Division Multiple Access). Se suma a esto la transmisión y recepción con múltiples antenas.

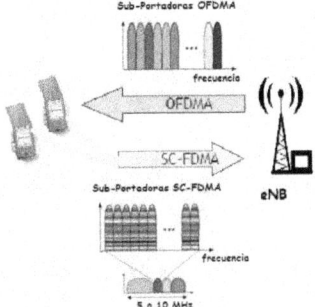

Figura 9.3

9.3.1-OFDMA

La técnica de acceso múltiple OFDMA que se utiliza en el enlace descendente en LTE ofrece la posibilidad de que los diferentes símbolos modulados sobre las subportadoras pertenezcan a usuarios distintos. Cabe señalar, que la modulación OFDM en particular, se analiza en el Anexo B.

El acceso múltiple se logra dividiendo el canal en un conjunto de subportadoras que se reparten en grupos en función de la necesidad de cada uno de los usuarios. El sistema se realimenta con las condiciones del canal, adaptando continuamente el numero de subportadoras asignadas al usuario en función de la velocidad que este necesita y de las condiciones del canal.

Si la asignación se hace rápidamente, se puede cancelar de forma eficiente las interferencias co-canal y los desvanecimientos rápidos. En la Figura 9.4 vemos una representación del espectro de la señal OFDMA.

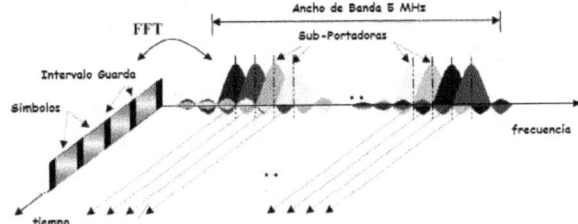

Figura 9.4

Hay que destacar que no es necesario que las subportadoras sean inmediatas, los símbolos de un usuario pueden estar distribuidos sobre subportadoras no contiguas.

9.3.1.1 -Ventajas de OFDMA:

Diversidad multiusuario: La asignación de subportadoras se realiza de manera dinámica. Como el canal de radio presenta desvanecimientos aleatorios en las diferentes subportadoras, independientemente de quién la esté usando, se puede seleccionar para cada subportadora el usuario que perciba una mejor relación señal a ruido en el canal. Con esto se consigue una mayor velocidad de transmisión y una mayor eficiencia espectral. A esta manera de actuar se le denomina *scheduling*.

Diversidad frecuencial: Es posible asignar a un mismo usuario subportadoras no contiguas, separadas suficientemente como para que el estado del canal no lo afecte. Esto proporciona diversidad frecuencial en la transmisión de dicho usuario ante canales selectivos en frecuencia.

Robustez frente al multitrayecto: Al hacer uso del prefijo cíclico, nos encontramos con una técnica muy robusta frente a la interferencia intersímbolos (ISI), que es la resultante de la propagación multitrayecto. Se puede combatir la distorsión mediante técnicas de ecualización en el dominio de la frecuencia, que resultan menos complejas que las que se realizan en el dominio del tiempo.

Flexibilidad en la banda asignada: Esta técnica de acceso múltiple proporciona una forma sencilla de acomodar distintas velocidades de transmisión a los diferentes usuarios en función de las necesidades que estos requieran simplemente asignando más o menos subportadoras a cada uno.

Elevada granularidad en los recursos asignables: Como se subdivide la banda total en un conjunto de subportadoras de banda estrecha, se puede asignar más o menos recursos a cada usuario, lo que permite acomodar servicios con diferentes requisitos de calidad.

Sencillez de implementación en dominio digital: gracias al uso de la Transformada Rápida de Fourier (FFT e IFFT).

9.3.1-2 - Desventajas de OFDMA

Elevada relación entre la potencia instantánea y la potencia media (PAPR).

Susceptibilidad frente a errores en frecuencia.

9.3.2 - SC-FDMA

En el sistema se ha optado por utilizar OFDMA para el enlace descendente porque en la estación base (eNB) se requieren técnicas que incrementan la complejidad computacional para reducir el PAPR (Peak to Average Power Ratio) que es lo que degrada a la señal OFDMA. Además, en la eNB, no es tan crítica la eficiencia ni el costo de los amplificadores de potencia.

Sin embargo, en el terminal del usuario, sí que es crítico reducir el consumo de potencia y conseguir por lo tanto una gran eficiencia en el amplificador, por lo que se ha optado por una "técnica de acceso de portadora única".

SC-FDMA se basa en unos principios de transmisión muy similares a los de OFDM, pero en este caso se efectúa una precodificacion de los símbolos que se van a transmitir previa al proceso de transmisión OFDM, lo que permite reducir las variaciones en la potencia instantánea.

Como se muestra en la Figura 9.5, existen M símbolos a transmitir, los cuales son pre codificados mediante una DFT de M muestras, como paso previo a efectuar una transmisión OFDM de acuerdo a una IDFT de N muestras, con una separación entre subportadoras ?f, y con el consiguiente añadido del prefijo cíclico.

En el esquema mostrado, si el tamaño de la DFT, M, fuera igual al de la IDFT, N, los procesos de DFT y IDFT se cancelarían entre sí, sin tener ningún efecto, por lo que la señal enviada seria simplemente el mismo conjunto de símbolos originales, resultando una señal en banda base no modulada sobre diferentes subportadoras, es decir, una señal portadora única que presentaría mejores propiedades de PAPR que las señales multiportadora.

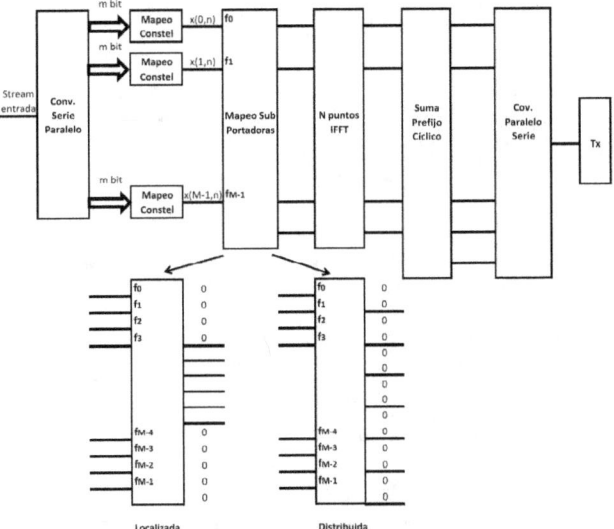

Figura 9.5

Sin embargo, siempre que $M<N$ y el resto de entradas al bloque IDFT estén puestas a cero, el resultado de este proceso será una señal que continúa teniendo la propiedad de ser de portadora única, y cuyo ancho de banda $B=M.?f=M.fm/N$ es regulable simplemente cambiando el valor de M. Esto permite tener una flexibilidad en la banda asignada.

Observando el esquema presentado en la Figura 9.5, se puede no ubicar las M muestras de salida de la DFT de forma contigua, sino distribuírlas en entradas equidistantes de la IDFT, ubicando ceros en las posiciones intermedias. A este modelo se le denomina SC-FDMA **distribuido**, a diferencia del anterior, que se denomina **localizado**. El modelo distribuido proporciona una mayor diversidad frecuencial ya que la señal se distribuye entre portadoras separadas.

Cabe señalar también, que el mecanismo de multiplexacion de transmisión de diferentes usuarios en SC-FDMA, puede darse, manteniendo los mismos parámetros a nivel de número de muestras de la IDFT, frecuencia de muestreo y separación entre subportadoras, entonces, las transmisiones de los dos usuarios se ubican en diferentes entradas de la IDFT, de modo que en las posiciones de entrada en las que se está la transmisión del usuario 2, el usuario 1 inyecta ceros y a la inversa igual. Se muestra esta característica en la Figura 9.6, lo que da como resultado dos transmisiones que ocupan bandas frecuenciales diferentes.

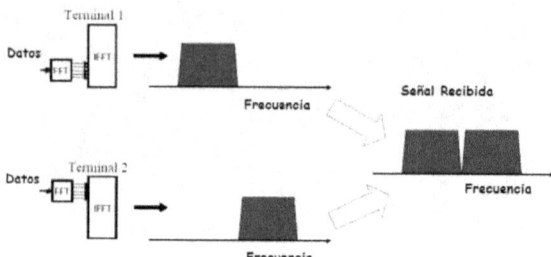

Figura 9.6

Mediante DFT´s de diferentes tamaños se obtienen diferentes anchos de banda asignados a cada usuario, por ejemplo, con *M1*, tenemos *M1.?f* (MHz) y con *M2* tenemos *M2.?f* (MHz).

9.6 - MIMO

El sistema MIMO utiliza múltiples antenas tanto para recibir como para transmitir. Una transmisión de datos a tasa elevada se divide en múltiples tramas más reducidas. Cada una de ellas se modula y transmite a través de una antena diferente en un momento determinado, utilizando la misma frecuencia de canal que el resto de las antenas. Debido a las reflexiones por multitrayecto, en recepción la señal a la salida de cada antena es una combinación lineal de múltiples tramas de datos transmitidas por cada una de las antenas en que se transmitió.

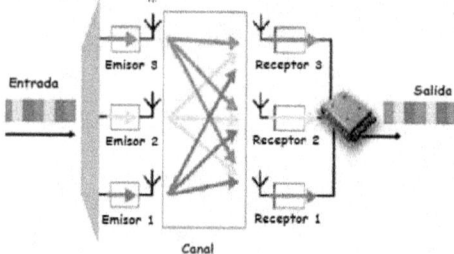

Figura 9.7

Las tramas de datos se separan en el receptor usando algoritmos que se basan en estimaciones de todos los canales entre el transmisor y el receptor. Además de permitir que se multiplique la tasa de transmisión (al tener más antenas), el rango de alcance se incrementa al aprovechar la ventaja de disponer de antenas con diversidad.

La teoría de la capacidad inalámbrica, extiende el límite del teorema de Shannon, en el caso de la utilización de esta tecnología. Este resultado teórico prueba que la capacidad de transmisión de datos y rango de alcance de los sistemas inalámbricos MIMO se puede incrementar sin usar más espectro de frecuencias.

Este aumento se lo podría considerar de carácter indefinido, simplemente utilizando más antenas en transmisión y recepción. MIMO requiere la existencia de un número de antenas idéntico a ambos lados de la transmisión, por lo que en caso de que no sea así, la mejora será proporcional al número de antenas del extremo que menos antenas tenga.

9.7 - Conceptos importantes de la Interfaz Radio

9.7.1 - Capa Física

Tal como ya se dijo, la capa física de la interfaz radio del sistema LTE se basa en OFDMA en el enlace descendente y SC-FDMA en el enlace ascendente. En los dos casos, la separación entre subportadoras es fija e igual a 15 KHz.

En la Tabla siguiente, se muestra el número de subportadoras en la canalización del sistema

Canalización	1,4 MHz	3 MHz	5 MHz	10 MHz	15 MHz	20 MHz
Tamaño FFT	128	256	512	1024	1536	2048
Número de Subportadoras disponibles	73	181	301	601	901	1201

La capa física del sistema LTE está diseñada para que opere en las frecuencias comprendidas por encima de los 450 MHz y hasta los 3,5 GHz. El estándar define hasta 40 posibles bandas de operación para trabajar en modo dúplex por división en frecuencia (FDD) o en modo dúplex por división en el tiempo (TDD).

Los posibles esquemas de modulación para el enlace descendente son: QPSK, 16-QAM y 64-QAM, y para el up link son los mismos, dependiendo de la capacidad del terminal móvil.

Si se utilizan técnicas MIMO (2x2, esto es, 2 antenas en el transmisor y 2 antenas en el receptor) y una canalización de 20 MHz se podría alcanzar una velocidad de transmisión de pico a nivel de capa física de 150 Mbps en el enlace descendente y de 75 Mbps en el ascendente.

9.7.2 - Bloque de Recursos Físicos (Physical Resource Block)

Se denomina PRB (Physical Resource Block), al mínimo elemento de información que puede ser asignado por el eNB a un terminal móvil. Un PRB ocupa 180 KHz de la banda, equivalente a 12 subportadoras equi-espaciadas 15 KHz entre ellas y en él se transmiten 6 o 7 símbolos OFDMA, dependiendo de la longitud del prefijo cíclico.

La duración de un PRB es de 0,5 ms, es decir la duración de un slot o ranura de tiempo. De acuerdo a la canalización son el número de PRB´s

Canalización	1,4 MHz	3 MHz	5 MHz	10 MHz	15 MHz	20 MHz
Número de PRB	6	15	25	50	75	100

El número de portadoras disponibles, está relacionado con el número de PRBs en cada canal. Por lo tanto, el número de subportadoras es 12 veces el número de PRBs más una, que es la subportadora central (la de DC) que no se utiliza para transmitir información.

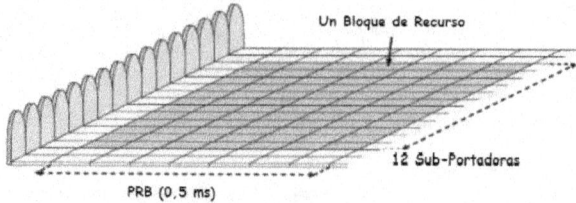

Figura 9.7

En un PRB tenemos 7 símbolos con 12 subportadoras asociadas a cada uno de ellos, por lo que tenemos en total 84 recursos donde introducir los símbolos QPSK, 16-QAM y 64-QAM.

Considerando la modulación 64-QAM en la que se transmiten 6 bits/símbolo, dentro de un PRB podemos enviar un total de 504 bits cada 0,5 ms, lo que nos ofrece una velocidad bruta de transmisión de pico de aproximadamente 504 bits/0,5 ms ~ 1 Mbps. Se muestra un ejemplo en la Figura 9.7.

En la Tabla que sigue, se resume las velocidades de pico en función de la canalización. Estos cálculos se han realizado sin tener en cuenta la estructura MIMO. Si lo tenemos en cuenta y en el caso 2x2 se puede estimar que las velocidades de pico pueden llegar a ser el doble, por lo que se confirma que en la interfaz radio del sistema LTE se pueden alcanzar los 150 Mb/s en el enlace descendente en el caso del canal de 20 MHz.

Canalización	1,4 MHz	3 MHz	5 MHz	10 MHz	15 MHz	20 MHz
Velocidad de pico Total [Mbps]	6	15	25	50	75	100
Velocidad de pico bruta de Usuario [Mbps]	5,1	12,8	21	42,5	63,7	85

9.7.3 - Estructura de la trama

En el dominio del tiempo los recursos físicos del sistema LTE se estructuran siguiendo dos tipos de trama, de tipo 1 y de tipo 2. Se describirá la primera, que es la que utiliza el modo de duplexado por división de frecuencia (FDD).

9.7.3.1 - Estructura de trama tipo 1

Utilizada tanto sea para el enlace descendente como para el ascendente y soporta semi y full-duplex FDD. Este tipo de trama, se divide en tramas de 10 ms y cada una a su vez está compuesta por 20 ranuras temporales (slot) de 0,5 ms de duración.

Se define una unidad básica de recursos, formada por dos ranuras temporales que se denomina "sub-trama" de duración 1ms.

En cada ranura temporal se transmiten 6 o 7 símbolos OFDM, de Ts= 66,7 us de duración cada uno de ellos. Si se usan 7 símbolos, se agrega el prefijo cíclico "corto", tiene una duración de 4,7 us, salvo para el primer símbolo, que tiene un prefijo cíclico de 5,2 us.

En el caso de utilizar 6 símbolos por ranura temporal entonces se agrega el prefijo cíclico "largo", que tiene una duración de 16,67 us. En el caso de que la celda sea muy grande se utilizan 6 símbolos, ya que el retardo de propagación suele ser del orden de us y se requiere un prefijo cíclico mayor para compensar la propagación multitrayecto.

Las principales características de las señales físicas en el enlace descendente que permiten al terminal móvil sincronizarse al sistema y demodular coherentemente las señales OFDMA son:

Señales de referencia (RS)

Se utilizan para:

- Obtener medidas de calidad en el enlace descendente.

- Estimar la respuesta del canal para demodulación/detección coherente.

- Implementar mecanismos de búsqueda de celda y sincronización inicial.

Señales de Sincronización (SCH)

Se utilizan para facilitar los procesos de sincronización temporal del sistema (a nivel de trama y subtrama). Se dividen en dos:

- P-SCH (Primary SCH): permite la sincronización temporal a nivel de subtrama

- S-SCH (Secondary SCH): posibilita la sincronización temporal a nivel de trama

Canales Físicos de Tráfico.

Physical Downlink Shared Channel (PDSCH)

Este canal transmite habitualmente información de usuario. Contiene la información entregada por la capa MAC mediante el canal transporte Downlink Shared Channel (DL-SCH).

También puede transportar información de aviso (PCH) y aquella de radiodifusión que no sea imprescindible para que el terminal móvil se enganche a la red. Este canal se mapea en el dominio frecuencia-tiempo utilizando los PRBs.

Canales de Control.

Physical Broadcast Channel (PBCH)

Transporta la información de radiodifusión básica de la red, que permite la conexión inicial de un terminal móvil a la misma

Physical Downlink Control Channel (PDCCH)

Canal de control que informa sobre los recursos en el enlace descendente asignados al PDSCH.

Physical Control Format Indicator Channel (PCFICH)

Informa al terminal móvil sobre el numero de símbolos (1,2 o 3) utilizados para transmitir el PDCCH.

Physical Hybrid ARQ Indicator Channel (PHICH)

Transporta información de reconocimiento (ACK/NACK) correspondientes a las transmisiones del enlace ascendente.

10
Wi Fi - IEEE 802.11

10.1-Introducción

Las redes inalámbricas se abren paso en la selva tecnológica para dar soporte a los nuevos servicios que la sociedad demanda. Su expansión es de tal magnitud, que muchas de las empresas que comercializan acceso a Internet ofrecen Wi Fi como solución para sus conexiones.

Llegado el momento, incluso a nosotros como técnicos, nos cuesta decidir qué infraestructura vamos a emplear en nuestra red, surgen dudas: ¿cables u ondas? Es decir, ¿empleo Wi Fi o un cable UTP como siempre?

A fin de aportar a la respuesta, se enumeran las ventajas y los inconvenientes que presenta la tecnología Wi Fi sobre el cableado tradicional:

Como ventajas se pueden listar:

- **Comunicación punto a punto sencilla:** Es posible comunicar varias PC sin necesidad de un engorroso cableado que las una.

- **Instalación rápida y costos mínimos**: En la actualidad, montar una red inalámbrica es un procedimiento bastante económico y está al alcance de todo usuario. Simplemente necesitaremos una tarjeta PCI, ó un equipo CPE o en caso de una conexión a Internet se debe disponer de un punto de acceso inalámbrico (AP). Es muy simple la interconexión con redes cableadas, usando puntos de acceso que sean compatibles con ambas tecnologías.

- **Configuración simple**: La configuración general es muy sencilla, podríamos decir que es equiparable a una red tradicional cableada, solo que se le adiciona la configuración de la seguridad de la red. (WEP).

- **Excelente reubicación**: Una red inalámbrica nos permite desplazar el equipo (dentro del área de influencia de la red) sin tener que preocuparnos del cableado. En el caso de PC portátiles, la movilidad es mucho mayor debido a la propia naturaleza del equipo. En definitiva, la ausencia de cableado, facilita la reubicación de las estaciones de trabajo, permite rapidez en la instalación, lo que deriva en menores costos.

Se puede enumerar como inconvenientes:

- **Alcance limitado,** ya que el alcance de las ondas de radio, como sabemos, está restringido a un área determinada, dependiendo de la potencia emitida, la ganancia de las antenas, y la sensibilidad, etc.

- **Apantallamiento de la señal**, depende de lo obstaculizada que se encuentre la emisión, ya sea por puertas, muebles, armarios, paredes, árboles edificios, etc.

- **Interferencias** suele dar problemas de conectividad en áreas pobladas donde la tecnología, es muy utilizada. Esto se traduce en pérdidas de conexión.

- **Seguridad** este factor es uno de los que hay que prestarle suma atención en esta tecnología. Son muchas las redes que se instalan sin tener en consideración la seguridad y por tanto, la convierten en redes abiertas, sin proteger la información que por ellas circulan. Existen varias alternativas para garantizar la seguridad que se verán más adelante.

- **Velocidad de transmisión limitada.** La velocidad máxima de transmisión para la 802.11b es de 11 Mbps aunque lo normal está entre 1,5 y 5 Mbps. En el caso de 802.11g la máxima está en 54 Mbps y lo normal oscila entre 5 y 25 Mbps. Son valores más que suficientes para las necesidades de última milla, y si se las compara con las tecnologías cableadas, es limitada su velocidad, puesto que no alcanzan los 100 Mbps, ò 1Gbps.

10.2-Estándar 802.11

Así como el estándar 802.3 define Ethernet para un entorno cableado, el IEEE (Institute of Electrical and Electronics Engineers) ha definido un conjunto de estándares para el entorno de las redes inalámbricas bajo la denominación 802.11

802.11

Fue el primer estándar WLAN creado por IEEE en 1997, permitía un ancho de banda de solo 2 Mbps lo que le daba baja performance para las actuales aplicaciones, trabajando en la banda de 2,4 GHz.

802.11.b

En 1999 se crea este estándar como una extensión del original, soportando anchos de bandas de hasta 11 Mbps lo que lo hace compatible con la Ethernet cableada.

Ventajas: Menor costo, mejor rango de señal, y poca obstrucción de la misma.

Desventajas: Menor velocidad comparado con Eth 100 base T, menor número de usuarios, y vulnerable a las interferencias producidas por hornos microondas, o teléfonos inalámbricos.

802.11.a

Se crea casi en forma simultánea con el 802.11.b, soporta anchos de banda de hasta 54 Mbps trabajando en 5 GHz.

Ventajas: Mayor velocidad, mayor número de usuarios, menor interferencia

Desventajas: Mayores costos, menor rango de la señal, más vulnerable a las obstrucciones.

802.11.g

Los equipos con este estándar aparecen a comienzos del 2003, soporta anchos de banda de hasta 54 Mbps en la banda de 2,4 GHZ. Es compatible con 802.11.b

Ventajas: Mayor velocidad, mayor número de usuarios simultáneos.

Desventajas: Costos un poco mayor, vulnerable a las interferencias producidas por los productos de modulación con otros equipos en esta banda.

802.11.n

Luego de muchas dilaciones, la IEEE, ratifica el estándar en setiembre del 2009. Por cierto, que se mejora significativamente el desempeño de la red, aún cuando está basado en los 802.11 anteriores con el agregado de MIMO. Con esto logra un incremento importante en la velocidad, llegando a un máximo de 600 Mbps. En la actualidad, la capa física soporta 300 Mbps en un canal de 40 MHz, y en la práctica, 150Mbps se pueden transitar muy fácilmente.

10.2.1-Extensiones del estándar

802.11.e

Esta extensión, se aplica a los estándares físicos a,b,g proporcionándoles soporte de **QoS** (calidad de servicio) para aplicaciones de voz, datos y video en redes LAN.

802.11.i

Se refiere al objetivo más frecuentemente buscado del estándar como es la seguridad, se aplica a los estándares físicos a,b,g. Proporciona una alterativa a la Privacidad Equivalente Cableada **WEP** con métodos de encriptado y procedimientos de autenticación.

802.11.d

Constituye un complemento al nivel de control de acceso al medio MAC en 802.11 para permitir el uso a nivel mundial. Permite a los Puntos de Acceso AP comunicar información a sus abonados sobre los canales admisibles, los niveles de potencia, etc.

802.11.f

Especifica la interoperabilidad de Puntos de Acceso AP dentro de una red WLAN multiproveedor. El estándar define el registro de AP dentro de una red y el intercambio de información entre dichos puntos cuando el usuario se traslada de uno a otro.

802.11.h

Este especifica todo aquello necesario para cumplir los reglamentos europeos para redes WLAN de 5GHz. Estos reglamentos requieren que los equipos tengan control de potencia de transmisión y selección de frecuencia dinámica DFS. El control TPC limita la potencia transmitida al mínimo necesario para alcanzar al usuario más lejano. DFS selecciona el canal de radio en un AP para reducir al mínimo la interferencia con otros sistemas.

A modo de resumen

Estándar	Frecuencia	Ancho de Banda	Modulación
802,11	2,4 GHz	2 Mbps	FHSS y DSSS
802.11.b	2,4 GHz	11 Mbps	DSSS
802.11.g	2,4 GHz	54 Mbps	DSSS y OFDM
802.11.a	5.0 GHz	54 Mbps	OFDM

Cuadro 10.1

10.2.2-WECA

La Alianza de Compatibilidad de Ethernet Inalámbrica, WECA (Wireless Ethernet Compatibility Alliance), impulsa su programa de certificación Wi-Fi, Fidelidad Inalámbrica. Cualquier fabricante de equipos 802.11 puede hacer probar sus equipos a fin de garantizar la inter-operatividad. El equipo que supere los test de prueba puede utilizar el logo de Wi-Fi. Para productos basados en el estándar **802.11.a**, la WECA permite el uso del logo Wi-Fi5 donde el 5 representa la frecuencia de trabajo en GHz.

10.3-Topologías de las redes 802.11

El estándar define dos tipos de topología de red a las cuales se las denomina: **Modo Ad-hoc y Modo Infraestructura**. Dentro de cada una de estos modos, se puede definir lo que se da en llamar *conjunto de servicio básico* BSS (Basic Service Set), que consiste en que exista al menos dos o más nodos suscriptores, que se reconozcan entre ellos y puedan trabajar en conjunto para minimizar la cantidad de colisiones. A los nodos también se los denomina CPE (Customer Premises Equipment), o cliente y estamos indicando cualquier dispositivo que contenga capa física y MAC de acuerdo al estándar.

10.3.1-Modo Ad-Hoc

El modo *Ad hoc*, también conocido como *peer to peer* (de igual a igual) permite que cada cliente se comunique individualmente con el resto de sus pares en forma inalámbrica, es decir sin emplear un punto de acceso que centralice la información. A esta configuración se la conoce como Conjunto Básico de Servicios Independientes IBSS.

Estac 1   Estac 3

Estac 2

Figura 10.1

Para que la comunicación entre estaciones sea posible, hace falta que se vean mutuamente en forma directa, es decir que cada una de ellas se encuentre dentro del rango de cobertura de la otra. Por lo general son redes temporales y se usan por ejemplo cuando dos empleados de una misma empresa desean compartir archivos entre sus computadoras portátiles.

Este tipo de redes, no necesita ningún tipo de gestión administrativa. La figura 10.1 ejemplifica esta configuración.

10.3.2-Modo Infraestructura

En este modo, la red dispone al menos de un punto de acceso (AP) y varios clientes inalámbricos. El hecho de disponer un AP, duplica el alcance de la red inalámbrica. En la figura 9.2 se muestra un ejemplo de esta topología, y además se ve que el AP puede conectarse a otras redes y en particular a una red fija cableada, con lo cual un usuario puede tener acceso desde su equipo a otros recursos.

El AP es una estación, que oficia de base y es a donde se conectan todos los clientes o CPE de la red, por lo general, controla el tráfico entre él y sus distintos suscriptores, en estos casos, no existe una comunicación "de igual a igual".

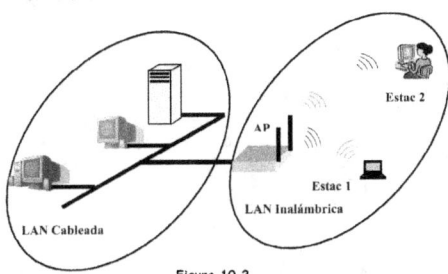

Estac 2

AP

Estac 1

LAN Inalámbrica

LAN Cableada

Figura 10.2

La conjunción, AP–clientes, en este modo, se lo puede definir como Conjunto Extendido de Servicio ESS (Extender Service Set). El término "conjunto", nos indica la agrupación de dos o más BSS, los cuales pueden ser inalámbricos o cableados a través de un sistema de distribución en Ethernet.

Si prestamos atención a la figura, deducimos que para dar cobertura en una zona más allá de lo que permite un AP, habrá que instalar varios, enlazados entre ellos de manera de cubrir la superficie requerida.

10.4-Enlaces entre redes

Al considerar la interconexión de redes que se encuentran situadas geográficamente en sitios distantes, podemos establecer una configuración de los enlaces de acuerdo a las reales necesidades, ya sea enlaces PtP, PmP, o Malla. Cada una de estas, incluye el uso de antenas exteriores, a fin de facilitar y extender la comunicación

Un ejemplo típico que se presenta habitualmente, es disponer una LAN en un edificio y a la cual se la necesita extender a otro edificio cercano, entonces la posible solución a esta situación, consiste en instalar un dispositivo AP con una antena direccional en cada edificio, apuntándose mutuamente, y cada AP, conectados a la red local de su edificio.

Figura 10.3

A esta configuración, se la denomina **Punto a punto – PtP**, y su realización, puede ser tan fácil como colocar dos AP, o tener cierto grado de complejidad, realizando mediciones previas para detectar obstrucciones que pudieran existir entre los dos puntos a enlazar.

Obtener línea de vista (LOS), es decir, disponer de un camino libre de obstrucciones, es la condición primera y necesaria, luego se puede realizar un estudio de interferencias ó verificar problemas con otras comunicaciones.

Figura 10.4

Una vez salvados los inconvenientes que se hubieren presentado, se instala el hardware, el que puede ser supervisado para realizar un análisis de performance. Si hay una abundancia de colisiones ó de paquetes descartados, las antenas puede necesitar un ajuste fino o en caso, es necesario rediseñar el enlace propuesto.

Si el sistema requiere enlazar múltiples edificios, una arquitectura **Punto Multipunto PmP**, puede ser la mejor opción. Consiste en disponer un equipo que opera como punto de acceso AP, con una antena omnidireccional o antenas sectoriales, mientras que las otras unidades se configuran como estaciones clientes o CPE, tal lo muestra la Figura 10.4.

Usando una arquitectura de **Malla**, no es necesario definir un sitio central para la estación base o analizar los requisitos de LOS para dicha base. Con este tipo de arquitectura, cada punto se comunica con su vecino incluido el AP dentro de la red.

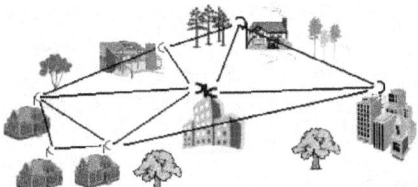

Figura 10.5

10.5-Arquitectura de las redes 802.11

Al tratar lo relacionado con la telefonía móvil, establecíamos una arquitectura celular. A una red 802.11 podemos considerarla de igual manera, solo que a esta célula, se le denomina BSS, y es controlada por un Punto de Acceso. Una red de área local inalámbrica, puede estar formada por una única BSS (célula), es decir que los suscriptores tienen un único punto de acceso, o en caso de que el sistema esté formado por varios BSS, los AP se conectan entre sí formando un Backbone denominado Sistema de Distribución, DS (Distribution System), el cual podrá ser del tipo cableado (Ethernet) o del tipo inalámbrico (Wireless).

En los sistemas indoor, un BSS es físicamente un edificio donde se ha implementado la red inalámbrica, por el contrario, si el sistema es outdoor, entonces el BSS tiene un área de cobertura determinada, y fuera de la cual, las estaciones de usuarios, CPE son incapaces de comunicarse con el AP.

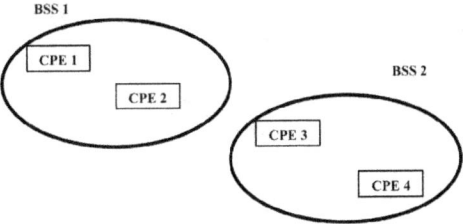

Figura 10.6

Puede existir BSS's independientes, como muestra la figura 9.6, esto permite que dos estaciones se puedan comunicar en forma directa, ya que la interrelación entre el que provee el servicio y un CPE que hace uso de él, es dinámica, es decir, la estación puede estar encendida, apagada, dentro del área de cobertura, o fuera de ella. Para ser miembro de un BSS el CPE debe **asociarse.**

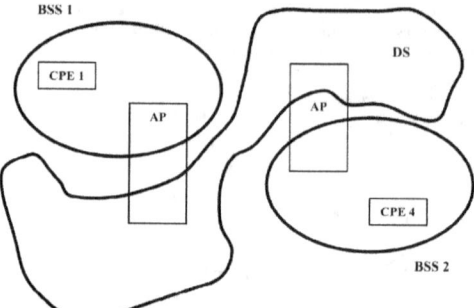

Figura 10.7

La conexión entre CPE´s puede estar limitada solo por aspectos físicos, cuando la distancia entre ellos excede el área de cobertura del punto proveedor de servicios, por lo que será necesario que el BSS exista de forma dependiente, es decir, el BSS deberá ser parte de una red más compleja que involucra a varios BSS´s. El componente que permite interconectar BSS´s, tal como se definió, se llama Sistema de Distribución DS.

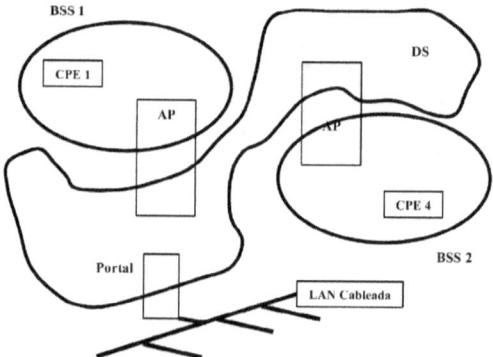

Figura 10.8

Como vemos, un AP a través del sistema de distribución DS brinda servicios a las demás estaciones. Los datos viajarán desde un BSS hasta el DS por medio del AP, este último también se puede utilizar como una estación común, dado que posee su propia dirección.

Así estructurada, el DS y el ó los BSS permiten crear una red inalámbrica de tamaño y complejidad arbitrarios. Este tipo de redes ejemplifica a las que se definió como Red de Servicios Extendidos (Extended Service Network). Dadas estas condiciones, es factible que una estación pueda estar bajo el alcance de más de un BSS al mismo tiempo, pero deberá ser admitido por uno u otro, además de asociarse de a uno por vez.

La arquitectura puede requerir integrar una red inalámbrica con una red cableada, para ello se utiliza un componente denominado portal, el cuál es un punto lógico en donde se conecta una red LAN cableada con otra bajo el estándar 802.11. Este concepto es una descripción abstracta de parte de la funcionalidad de un Bridge, aunque el estándar no lo requiere obligatoriamente, las instalaciones más comunes poseen el AP y el Portal en un único dispositivo físico.

10.6-Servicios ofrecidos por el estándar

El estándar define nueve servicios, seis de ellos soportan la comunicación de datos entre estaciones, y los tres restantes se usan para controlar el acceso a la red LAN y a la confidencialidad. Dado que los servicios funcionan dentro de la capa MAC, hay que tener en cuenta que dicha capa trabaja con tres tipos de mensajes: datos, gestión y control.

10.6.1-Servicios de estación

Autenticación

Cuando la estación "encontró" un AP, y el usuario decide unirse a esa célula BSS, debe pasar el proceso de autenticación, el cual consiste en el intercambio de información entre el AP y la estación, donde cada parte demuestra el conocimiento de una clave de acceso.

Si no se llega a un nivel aceptable (y mutuo) de autenticación entre terminales, no se establece ninguna comunicación.

Des-autenticación

Este servicio se invoca cuando una autenticación está por terminar, en realidad, no es una petición sino una notificación de que ya no existe autenticación y por lo tanto, la conexión debe terminar.

Privacidad

El aire, es un medio que no tiene restricciones y por lo tanto, cualquier terminal que respete el estándar, puede escuchar el tráfico de la red, sin importar si dicha estación está asociada a la red o no. Para que la privacidad no se vea afectada, se emplean técnicas de encriptación de datos.

Comunicación de datos

Es el servicio empleado para enviar y recibir mensajes entre estaciones. Para el correcto funcionamiento de este servicio se necesita establecer asociaciones, las cuales se ven a continuación.

10.6.2-Servicios del Sistema de Distribución

Asociación

Para enviar mensajes dentro de un Sistema de Distribución DS, se necesita saber a qué AP se debe acceder para transferir los datos, esta información la brinda el concepto de asociación. Al entrar un usuario a una celda, la estación debe anunciarse con sus parámetros que lo identifican.

El AP puede aceptar o no a la estación que realiza el requerimiento, si se acepta, debe asociarse al mismo, y luego de concretar esto, la estación puede enviar y recibir datos.

Des-asociación

Cuando se necesita terminar con una asociación existente, se hace uso de este servicio. En caso de que se quisiera seguir enviando información, sería en vano ya que el suscriptor no está asociado. El pedido de des-asociación no puede ser prohibido a ningún componente de la red.

Cuando se quiera eliminar un AP de la red por cualquier motivo, primero se deberá llevar a cabo todas las des-asociaciones correspondientes.

Re-asociación

La re-asociación se invoca para mover una asociación existente desde un AP a otro, esto permite darle información al DS sobre el mapeado existente entre el AP y una estación, mientras esta se traslada de un BSS a otro, dentro de la misma red de servicio extendido ESS.

Distribución

Este servicio se invoca cuando se quiere enviar un mensaje desde o hacia una estación, dentro de una ESS. Si la comunicación es entre estaciones de diferentes Proveedores de Servicio, BSS distintas, se utiliza un AP como interfase para la comunicación.

Integración

Es similar al servicio de distribución, con la salvedad de que los mensajes se envían entre estaciones de redes con distintos estándares. Entonces en vez de tener como interfase a un AP, se tiene la interacción de un portal, siendo su trabajo convertir formatos de frames.

11
Control de acceso al medio inalámbrico

11.1-Introducción

Esta tecnología se denomina Redes de Área Local Inalámbricas, por lo cual, podemos considerarla como compuesta por elementos de red, asociados a enlaces de radio. Entonces tenemos, por un lado, las características propias de este tipo de canal (descriptas anteriormente), en donde sobresale, la variabilidad en el tiempo y por otro, una serie de variantes de las dos primeras capas de la pila de referencia OSI.

Si recordamos, las dos capas OSI inferiores, (capa 1 y capa 2) están implementadas en Hardware y en Software, mientras que las otras cinco superiores, solo en el Software.

Si consideramos los enlaces de radio, sabemos que hay desvanecimientos, y estos producen errores sobre todo en aquellas ráfagas de bits que son muy largas, dando una alta tasa de BER (Bit Error Rate). En esta tecnología, para minimizar este problema se emplean distintas técnicas, como el envío de paquetes pequeños, códigos correctores de errores (Forward Error Correcting, FEC) o retransmisiones, inclusive el envío de mensajes cortos para probar la calidad del canal antes de efectuar la transmisión.

En otro aspecto, los protocolos de acceso al medio inalámbricos, son diferentes a los protocolos para redes cableadas, aún cuando ambas utilicen CSMA (Carrier Sense Multiple Access). En redes convencionales, es con Detección de Colisiones (Collision Detection) CD, en cambio, en redes inalámbricas, es con Prevención de Colisiones (Collision Avoidance) CA.

11.2-Nodos

Para evitar colisiones es necesario detectar la portadora de aquel nodo que transmite, tarea que será exitosa, dependiendo de la posición de los otros nodos. Evidentemente aquellos que estén dentro del área de cobertura del transmisor podrán detectar la señal emitida.

En función de la posición relativa de los nodos se pueden producir tres fenómenos que dañan las transmisiones y que deben ser tenidas en cuenta en el diseño de la red. La figura 11.1 muestra las diversas posiciones de los nodos y su radio de cobertura.

Consideremos el caso en que el nodo A transmite al nodo B y durante esta transmisión, el nodo C intenta transmitirle también al nodo B. Como C no puede detectar la portadora del nodo A, piensa que el canal está libre y transmite, interfiriendo la transmisión del nodo A, y produciendo una colisión.

Como los terminales A y C no pueden detectar la colisión se les denomina **nodos ocultos**.

Otra situación se presenta cuando el nodo B transmite al nodo A. El nodo C escucha la transmisión y detecta el canal ocupado, pero como está fuera del radio de cobertura del nodo A, el nodo C en teoría podría establecer una conversación en paralelo con otro nodo, por ejemplo con el D.

Se puede definir como **nodos expuestos** a aquellos que escuchan a quién transmite, pero no la respuesta, ante esta situación se les dá permiso para enviar paquetes, produciendo colisiones.

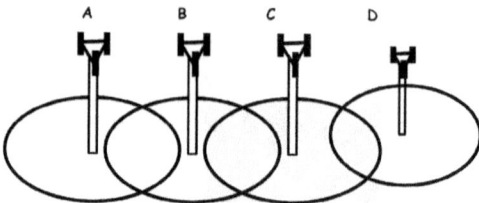

Figura 11.1

Otro caso sería si el nodo B puede recibir y decodificar la señal del nodo D en presencia de la señal del nodo A, (esto se puede dar en muy pocas situaciones, porque la señal de D llega con mucho menos nivel), se produce lo que se da en llamar efecto **captura**.

Lo lógico sería que el nodo A sea el atendido, pero también se puede decir que el acceso al canal es "injusto" de esta manera, porque tienen preferencia las estaciones que están más cerca de la receptora. Debiendo ser este un aspecto a considerar a la hora de diseñar una red inalámbrica.

11.3-Protocolos de Acceso al Medio

Dado que la premisa en esta tecnología, es evitar ó prevenir las colisiones, los protocolos de acceso para redes inalámbricas, deben disponer de elementos para tener un adecuado control de lo que ocurre con cada una de las estaciones componentes de la red. A los protocolos, se los pueden clasificar de acuerdo al tipo de control que realicen.

11.3.1-Protocolos de control distribuido

Como ya se expresó, el protocolo se basa en los principios del CSMA utilizando técnicas de prevención para minimizar la probabilidad de colisión. Qué se realiza? ... durante la contienda se utiliza normalmente un esquema de retardos aleatorios antes de la transmisión, es decir, en lugar de transmitir inmediatamente cuando se libera el medio, se espera cierto tiempo. Sin embargo, sigue existiendo el problema de los terminales ocultos, para solucionarlo, hay dos técnicas:

Señalización fuera de banda (Out-of-band Signaling): Todas las estaciones cuando escuchan una transmisión envían un tono en una frecuencia fuera del canal de datos.

Control de establecimiento (Control Handshaking): Antes de transmitir, las estaciones envían un paquete corto RTS (Request To Send), las estaciones que lo escuchan, ceden la transmisión. Cuando lo recibe, la estación destino envía un paquete CTS (Clear To Send) y todas las estaciones que lo escuchan, también ceden la transmisión.

Los dos protocolos distribuidos de acceso aleatorio más utilizados son:

DFWMAC Distributed Foundation Wireless MAC: Es el acceso básico usado en IEEE 802.11. Consiste en un intercambio de cuatro paquetes: RTS, CTS, Trama, ACK como lo ilustra la figura 11.2. Tal como se puede observar, estos pasos, consumen capacidad y añaden latencia. Este mecanismo es utilizado en entornos de alta ocupación.

EY-NPMA Elimination Yield Non-Preemtive Priority Multiple Access: Es el control de acceso usado por HIPERLAN. Cuando una estación tiene una trama que transmitir, escucha si el canal durante un determinado intervalo de tiempo está libre y después transmite. Si está ocupado, se pasa al periodo de contienda, que consta de tres fases:

✓ Se decide la prioridad.

✓ La prioridad de las estaciones depende del tiempo de espera de los paquetes en la cola.

✓ Las estaciones con la misma prioridad, compiten por el canal. La estación ganadora transmite.

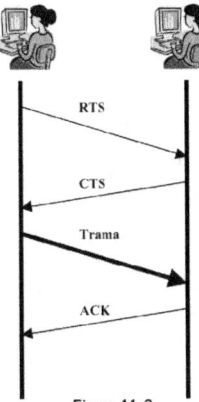

Figura 11.2

11.3.2-Protocolos de control centralizados

En los protocolos centralizados, la toma de decisiones la realiza el Punto de Acceso, como así también, tiene el control sobre quién puede acceder al medio. De esta manera, el problema de los nodos ocultos desaparece ya que todas las comunicaciones deben pasar si o si por el AP.

En esquemas centralizados existen varios protocolos de acceso aleatorio:

ISMA Idle Sense Multiple Access: Las estaciones transmiten en respuesta a un broadcast de la estación base (AP), si hay colisión, es esta estación quien la detecta.

RAP Randomly Addressed Polling: Las estaciones eligen aleatoriamente un código ortogonal y transmiten una trama con él. Todos lo hacen simultáneamente en el mismo slot, es decir, hay un acceso CDMA en este slot. El AP entonces pide una transmisión por cada código recibido.

RAMA Resource Action Multiple Access: Las estaciones envían en cada símbolo, un número identificador (ID). Se produce la contienda al superponerse los símbolos en el canal, entonces el AP repite el símbolo que ha recibido a todas las estaciones, estas deben realizar una operación OR sobre ellos y las estaciones que no escuchen el mismo símbolo que transmitieron abandonan.

11.4-Protocolo MAC del IEEE 802.11

Los diferentes métodos de acceso del IEEE 802.11 están diseñados según el modelo OSI y se encuentran ubicados en el nivel físico y en la parte inferior del nivel de enlace o sub-nivel MAC.

Además, la capa de gestión MAC controla aspectos como la sincronización y los algoritmos del sistema de distribución, que se define como el conjunto de servicios que precisa o propone el modo infraestructura.

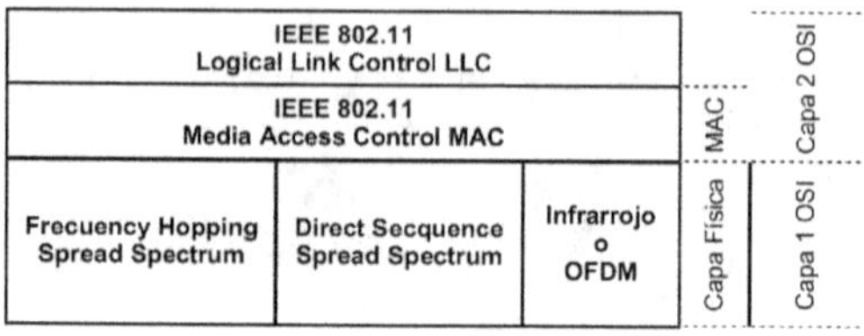

IEEE 802.11 Logical Link Control LLC				
IEEE 802.11 Media Access Control MAC			MAC	Capa 2 OSI
Frecuency Hopping Spread Spectrum	Direct Secquence Spread Spectrum	Infrarrojo o OFDM	Capa Física	Capa 1 OSI

Figura 11.3

11.4.1-Arquitectura de la capa física

La capa física del estándar 802.11 se ocupa de los detalles de la transmisión y recepción de los datos. Esta capa se divide en dos subcapas:

- PLCP Protocolo de convergencia de la capa física

- PMD Dependiente del medio físico.

Capa 2 OSI Enlace de Datos	MAC	
Capa 1 OSI Física	PLCP	
	PMD	

Figura 11.4

La figura 11.4 muestra la arquitectura lógica de la capa física, en la que se puede apreciar que la subcapa PLCP actúa como un enlace entre los frames de la capa MAC y la radio transmisión en el medio. Esta subcapa añade sus propios encabezados al frame y en particular los preámbulos de sincronización.

La subcapa PMD es responsable de transmitir cualquier bit que recibe desde la subcapa PLCP al medio usando la antena.

El estándar establecía al inicio, tres diferentes formas de transportar los 0 y 1 de los datos que el transmisor debe enviar al receptor:

- FHSS   Frequency Hopping Spread Spectrum
- DSSS   Direct Sequence Spread Spectrum
- IP   Inphrared

Luego se agregaron:

- OFDM   Orthogonal Frequency Division Multiplexing (802.11a)
- HR/DSSS   High Rate Direct Sequence (802.11b)

11.4.2-Arquitectura de la capa MAC

El acceso al medio está controlado por lo que se denominan "Funciones de Coordinación". Se define una función de coordinación como la funcionalidad que determina, dentro de un BSS, cuándo una estación puede transmitir y/o recibir a través del medio inalámbrico aquellos datos del protocolo a nivel MAC. En el estándar se especifican dos funciones:

103

DCF Distributed Coordination Function: La Función de Coordinación Distribuida, proporciona un acceso al medio basado en contienda que utiliza un mecanismo CSMA/CA. Puede usar adicionalmente el mecanismo de RTS/CTS, en este caso se denomina MACA.

PCF Point Coordination Function: La Función de Coordinación Puntual, proporciona acceso libre de contienda. Hay estaciones especiales, (AP en la práctica, por tanto está limitada a redes de infraestructura) que sondean los dispositivos. El PCF está construido sobre el DCF y explota características de este último para proporcionar el servicio libre de contienda.

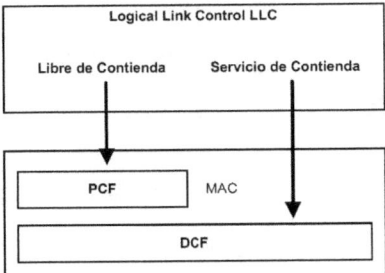

Figura 11.5

La detección de portadora (Carrier Sense) que permite determinar si el medio está libre u ocupado, se puede realizar de dos maneras:

La detección física: realizada por la capa física en función del tipo de medio usado. En comunicaciones inalámbricas la detección de portadora es cara y a veces insuficiente.

La detección virtual es incorporada al estándar, mediante lo que se denomina Vector de Asignación de Red o **NAV Network Allocation Vector**. La mayoría de las tramas llevan un campo de duración, que permite reservar el medio durante un tiempo determinado por medio de un temporizador.

El NAV es establecido por la estación que pretende utilizar el medio y el resto de estaciones irá decrementando el valor hasta llegar a cero. El NAV se establece en las tramas de RTS/CTS y mientras no sea cero, el medio estará ocupado.

Todas las estaciones que reciban el RTS y/o el CTS, modificarán su indicador de detección de portadora virtual, con el valor especificado, y usarán esa información junto con la detección de la portadora física. Este mecanismo reduce la probabilidad de colisión.

11.4.2.1-Función de Coordinación Distribuida, DCF

El mecanismo de CSMA/CA se basa en un conjunto de retardos que permiten un cierto esquema de prioridades. El estándar define cuatro tipos de **IFS, Inter Frame Space.**

SIFS Shorter Inter Frame Space: Es el retardo más corto, y determina la prioridad más alta y por tanto se usa para la transmisión de tramas ACK, RTC y CTS. Siempre hay una única estación transmitiendo en ese período, que tiene prioridad sobre todas las demás. El tiempo de espera es de 16 µs.

PIFS Point Inter Frame Space: De duración media, es usado por la PCF (el AP) para enviar tráfico sin contienda previa. El tiempo de espera es de 25 µs.

PIFS = SIFS + Slot Time

DIFS Distributed Inter Frame Space: Es el IFS de mayor longitud. Representa el tiempo que tiene que estar el canal libre para el acceso por contienda, es decir el tiempo mínimo de IFS para que una estación pueda comenzar una transmisión. El tiempo de espera es de 34 μs.

DIFS = PIFS + Slot Time

EIFS Extended Inter Frame Space: Es un IFS de mayor duración utilizado por una estación que recibe un paquete que podría no entender. Esto es necesario para prevenir que la estación colisione con un paquete futuro correspondiente al diálogo actual.

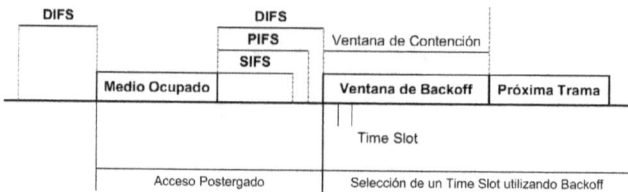

Figura 11.6

Las reglas del algoritmo son las siguientes:

1. Una estación que quiere transmitir, censa el medio a través de una comprobación virtual y física. Es decir, mientras el NAV no sea cero, el medio se considera ocupado. Cuando el NAV es cero se comprueba físicamente el medio, si este está libre, la estación espera un tiempo igual al DIFS. Si al finalizar este intervalo el medio continúa libre, transmite.

2. Si el medio está ocupado (porque ya lo estaba o porque se ocupó durante el DIFS) la estación abandona la transmisión y continúa monitoreando hasta que la transmisión en curso finalice.

3. Cuando la transmisión finaliza, la estación espera otro DIFS. Si el medio permanece libre en este ese último intervalo, la estación espera un tiempo aleatorio llamado Ventana de Contienda (CW) y de nuevo comprueba el medio. Si sigue libre, la estación puede transmitir. Si durante el tiempo de espera (Backoff) el medio se ocupa, el contador se para y continúa al volver a desocuparse el medio.

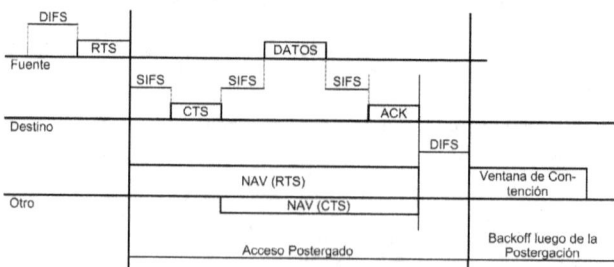

Figura 11.7

11.4.2.2-Función de coordinación puntual, PCF

Como ya se dijo, la funcionalidad PCF se sitúa por encima de la función DCF. Estos dos métodos de acceso pueden operar en forma conjunta dentro de una misma BSS con una estructura llamada supertrama. Una parte de esta, se asigna al periodo de contienda, permitiendo a las estaciones transmitir bajo mecanismos aleatorios.

Una vez finaliza este periodo, el AP toma nuevamente el medio y se inicia un periodo libre de contienda en el que pueden transmitir el resto de estaciones de la celda que utilizan técnicas deterministas.

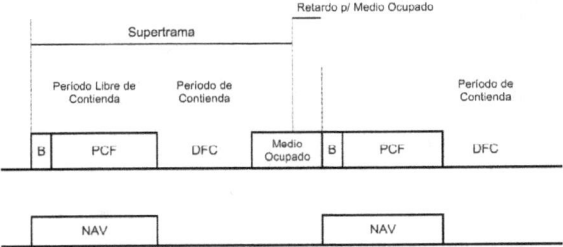

Figura 11.8

El nodo organizador que por lo general es el AP, enviará un CF-Poll a cada estación que pueda transmitir en PCF, concediéndole la posibilidad de transmitir una trama MPDU. El AP mantendrá una lista donde tendrá todos los datos de las estaciones que se han asociado a este modo.

La concesión de transmisiones será por riguroso listado y no permitirá que se envíen dos tramas hasta que la lista se haya completado. El nodo utilizará una trama para la configuración de la supertrama, llamada Beacon, donde establecerá una CFRate o tasa de periodos de contienda. Pese a que el periodo de contienda se puede retrasar por estar el medio ocupado, la tasa se mantendrá en el siguiente periodo con medio libre.

La transmisión de CF-Polls espera un tiempo SIFS. Si una estación no aprovecha su CF-Poll se da paso a la siguiente del listado. Las estaciones que no usen el CF, situarán su NAV al valor del final del CF y luego lo resetearán para poder modificarlo en el periodo de contienda en igualdad de condiciones.

Un problema importante en el solapamiento de redes wireless ocurrirá cuando varios sistemas con coordinación puntual compartan una tasa CFRate semejante. Una solución suele ser establecer un periodo de contienda entre PCs para ganar el medio esperando un tiempo DIFS + BackOff .

11.4.3 - Fragmentación y re-ensamblado

A diferencia de Ethernet, el MAC de 802.11 fragmenta y re-ensambla paquetes, ya se dijo que el canal inalámbrico tiene un nivel muy alto de interferencias y es preferible enviar paquetes cortos por las distintas razones:

Primero, por el BER, la probabilidad de que un paquete quede corrupto, aumenta con el tamaño del paquete, y en el caso de que esto ocurra, cuanto menor sea su tamaño su retransmisión demandará menor tiempo.

Segundo, en un sistema FH SS, el medio es interrumpido periódicamente, entonces cuanto menor sea el tamaño del paquete, menor es la chance que la transmisión sea pospuesta para después del tiempo de salto.

El comité del IEEE decidió resolver el problema agregando un mecanismo simple de fragmentación y re-ensamble en la capa MAC. La fragmentación se produce cuando el tamaño de un paquete excede un umbral preestablecido.

El mecanismo es un simple algoritmo de enviar y esperar, donde la estación transmisora no puede enviar un nuevo fragmento hasta que suceda uno de estos eventos:

✓ Recibe un ACK para ese fragmento, ó

✓ Decide que el fragmento fue retransmitido tantas veces que deja de transmitirlo.

Las tramas enviadas tienen el mismo número de secuencia y un número ascendente de fragmentos para permitir el re-ensamblado. Todos los paquetes que componen una trama se envían en una ráfaga de fragmentación, es decir, utilizando el SIFS después de cada ACK del receptor para cada fragmento. Además se utiliza el NAV para asegurar el control del medio.

El umbral de fragmentación suele coincidir con el umbral de RTS, es decir, que los paquetes fragmentados usan el mecanismo RTS/CTS. En definitiva, una estación captura el medio durante todo el tiempo necesario para enviar todos los fragmentos.

El estándar permite a la estación transmitir a diferentes direcciones en un proceso de retransmisión de un fragmento dado. Esto es muy útil cuando un AP tiene varios paquetes para diferentes destinos y alguno no responde.

11.5 - Formato de trama 802.11

En el estándar 802.11 hay tres frames principales, cuyos formatos se describen:

- **Frames de Datos**: son usados para la transmisión de datos.

- **Frames de Control**: son usados para controlar el acceso al medio. (Ej.: RTS, CTS y ACK).

- **Frames de Gestión**: son transmitidos por el mismo camino que los frames de Datos para intercambiar información de Gestión, pero no son reenviados a capas superiores.

11.5.1 - Formato de los Frames

La figura 11.9 muestra los componentes de los frames del estándar.

Preámbulo	Encabezado PLCP	Datos MAC	CRC

Figura 11.9

Preámbulo

Depende de la capa física e incluye una secuencia de 80 bits de ceros y unos alternados, usada por capa física para elegir la antena apropiada (en caso que se estén utilizando varias) y alcanzar la frecuencia de corrección y sincronización del timing del paquete recibido.

Un patrón binario de 16 bits (0000 1100 1011 1101) que se denomina frame delimitador de inicio SFD Start Frame Delimiter, se usa para definir el timing del frame.

Encabezado PLCP

El encabezado PLCP, contiene información lógica que usará la capa física para decodificar el frame. Cabe destacar que esta información siempre se transmite a 1 Mbps

Tres elementos conforman el encabezado, primero la longitud de palabra PLCP_PDU, indica la cantidad de bytes contenidos en el paquete, esto es importante para detectar el final del paquete. Segundo la señal PLCP, es información de valor para el sistema y tercero, encabezado para chequeo de error, que es un campo CRC de 16 bits para detección de errores.

Datos MAC

Son los datos de la capa física y tienen el siguiente formato:

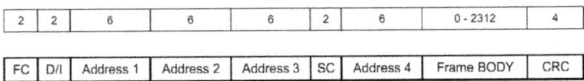

2	2	6	6	6	2	6	0 - 2312	4
FC	D/I	Address 1	Address 2	Address 3	SC	Address 4	Frame BODY	CRC

Figura 11.10

Cada una de estas informaciones, se divide en diferentes subtipos de acuerdo a la función que cumplirán.

Campo de Control del Frame

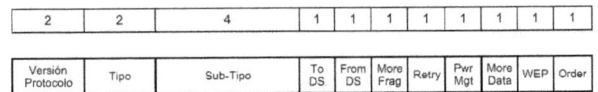

2	2	4	1	1	1	1	1	1	1	1
Versión Protocolo	Tipo	Sub-Tipo	To DS	From DS	More Frag	Retry	Pwr Mgt	More Data	WEP	Order

Figura 11.11

Versión del Protocolo

Este campo consiste de 2 bits que no varían en tamaño ni ubicación a lo largo de las versiones del estándar 802.11 y serán usados para reconocer posibles futuras versiones.

Tipo y subtipo

El campo tipo tiene 2 bits y por lo tanto cuatro posibilidades que corresponden a Gestión, Control, Datos y Reservado. Subtipo tiene 4 bit. Y por ende una cantidad de posibilidades entre los más importantes se encuentran: RTS, CTS, ACK, Datos, Beacon, Respuesta de asociación, etc.

To DS

Este bit se coloca en 1 cuando el frame se direcciona al AP para su reenvío al Sistema de Distribución (DS). En el resto de los frames el bit se setea en 0.

From DS

Este bit se setea en 1 cuando el frame proviene del Sistema de Distribución.

More Frag

Este bit se setea en 1 cuando hay más fragmentos que pertenecen al mismo frame enviado.

Retry

Este bit indica que el actual fragmento es una retransmisión de ese frame. Esta información será utilizada por la estación receptora.

Manejo de Energía (Power Management)

Este bit indica el modo de manejo de la Energía que tendrá la estación luego de la transmisión del frame actual.

Oscar Eduardo Gutierrez

More Data

Este bit también es usado para el Manejo de Energía y por el AP para indicar que existen más frames en el buffer para esa estación.

WEP

Este bit indica que el cuerpo del frame está encriptado de acuerdo al algoritmo WEP.

Order

Este bit indica si el frame actual se está enviando, utilizando un servicio de estricto orden.

Campo Duration / ID

Este campo tiene 2 significados dependiendo del tipo de frame:

En los mensajes de polling estando en Ahorro de Energía este es el ID de Estación, y en todos los otros frames este es el valor de duración usado para el cálculo de NAV.

Campos de Dirección (Address Fields)

Un frame debe contener 4 direcciones, dependiendo de los bits To DS y From DS definidos en el campo de control como se verá a continuación:

Dirección-1: es siempre la dirección receptora, si el bit To DS está en 1 será la dirección del AP, y si está en 0 será la dirección de la estación final.

Dirección-2: es siempre la dirección de la estación que físicamente transmite el paquete, y si el bit From DS está en 1 será la dirección del AP, y si está en 0 será la dirección de la estación.

Dirección-3: es en la mayoría de los casos la dirección perdida, en un frame que tiene el From DS en 1, la Dirección 3 es la dirección original y si el frame tiene en 1 el To DS esta será la dirección destino.

Dirección-4: es utilizada en los casos que se emplea el Sistema de Distribución Inalámbrica (WDS) y el frame se está transmitiendo desde un AP a otro, en este caso los bits del To DS y el From DS están en 1, por lo que ambas direcciones de destino y fuente se han perdido.

Secuencia de Control

Este campo se usa para representar el orden de los diferentes fragmentos que pertenecen al mismo frame y para reconocer los paquetes duplicados.

Son dos números, uno es el de sub-campos de fragmento y el otro es un número de secuencia. Esto define el frame y el número de fragmentos en el frame.

CRC

Es un campo de 32 bits que contiene el número que se utiliza para chequear la redundancia cíclica (CRC).

11.5.1.1 - Formato de Frame RTS

El formato de este frame se observa en la figura 11.12:

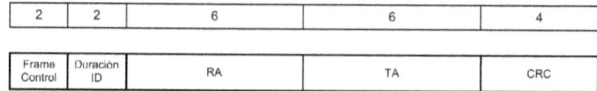

2	2	6	6	4
Frame Control	Duración ID	RA	TA	CRC

Figura 11.12

En el frame RTS, el campo RA es la dirección del CPE. En el medio inalámbrico esto se entiende como el receptor inmediato del siguiente frame de Datos o Gestión. El TA será la dirección del CPE/AP que transmite el frame RTS. El valor de Duración es el tiempo en microsegundos requeridos para transmitir el siguiente frame de Datos o Gestión más un frame CTS, más otro frame ACK, más 3 intervalos SIFS.

11.5.1.2 - Formato de Frame CTS

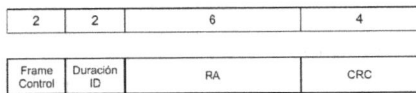

Figura 11.13

La dirección receptora (RA) del frame CTS se copia del campo de la dirección transmisora (TA) del frame RTS inmediato anterior. El valor del campo Duración se obtiene del campo Duración del frame RTS inmediato anterior menos el tiempo (en microsegundos) requerido para transmitir el frame CTS y su intervalo SIFS.

11.5.1.3 -Formato de Frame ACK

La dirección receptora (RA) del frame ACK se copia del campo de la Dirección 2 del frame inmediato anterior. Si el bit More Fragment estuvo en 0 en el frame de Control del anterior, el valor de Duration se setea en 0, de otro modo el valor de Duration se obtendrá del campo Duration del frame anterior menos el tiempo (en microsegundos) requeridos para transmitir el frame ACK y su intervalo SIFS.

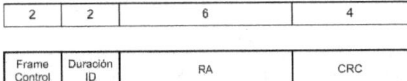

Figura 11.14

12

Hardware

12.1- Punto de Acceso (AP)

El mercado, ofrece distintos tipos de AP, de tal manera que se pueden implementar diferentes arquitecturas e instalarlos en ambientes, interiores ó exteriores. En los capítulos anteriores, se ha descripto las Redes LAN Inalámbricas bajo la óptica de su utilización en empresas, ó domicilios, enfatizando, la flexibilidad que ofrece su uso, sin necesidad de desplegar cableados engorrosos.

Podemos decir que se ha considerado a los AP con un diseño inteligente, o dicho de otra manera, con una importante capacidad de procesamiento, lo que le permite que una vez conectado a la red, puede actuar independientemente para dar servicio a los suscriptores que a él se asocien. Esta independencia, también pasa por el mantenimiento, si este AP falla, no afecta al resto de la red, cuyos dispositivos, quedarán funcionando normalmente.

Estos AP inteligentes, son muy fácil de instalar, ya que se lo puede hacer en donde se requiera cobertura WiFi con solo disponer de un puerto Ethernet donde se le suministre el servicio.

12.1.1-Equipamiento utilizado en AP inteligentes

Hasta ahora, nos hemos referido a los AP como el punto principal en una red inalámbrica, ya que es el encargado de centralizar y gestionar el tráfico de los CPE suscriptos a él dentro de la BSS. El equipamiento que se utiliza para esta función, generalmente dispone de: una interfaz Ethernet donde se conectará el ancho de banda a servir, y al cual se le denomina WAN, también puede disponer de puertos RJ45, que también son Ethernet, y a los cuales puede conectarse una red cableada y por cierto, la interfaz inalámbrica a donde se enlazarán los equipos CPE, vía radio.

Figura 12.1

Cuando hablamos de bridges, en el ámbito de las redes de computadoras, nos referimos a un puente que interconecta dos o más redes locales a nivel de capa 2, por lo tanto, tiene al menos, dos interfaces. Ahora, si una de ellas es Ethernet y la otra inalámbrica, podría usarse este tipo de equipo para la interconexión de redes fijas que están separadas por una distancia física, mediante un segmento inalámbrico. Con antenas exteriores, sería utilizable en el ejemplo visto para enlaces PtP.

Siempre dentro del mismo ámbito, cuando nos referimos a routers, estos equipos, tienen la misión de enrutar los paquetes de información que los atraviesan a nivel de capa 3 y 4. Si a estos equipos los relacionamos para el uso inalámbrico, queda establecer que al menos una de sus interfaces debe serlo, existiendo otra fija Ethernet a la cual se la denomina, como ya se dijo, puerto WAN.

La mayoría de los modelos de Puntos de Acceso existentes en el mercado, no poseen funcionalidades puras de router, sino que están especialmente diseñados para actuar como pasarela entre la red inalámbrica directamente gestionada por el equipo y las redes externas, por tal motivo se les denomina Gateway.

La complejidad interna es superior a la de otro tipo de equipos, ya que no solo realizan labores de mayor procesamiento de la información como el enrutamiento, sino que además han sido enriquecidos con funcionalidades avanzadas en networking y seguridad.

Por lo visto, routers y bridges con una de sus interface inalámbricas, pueden ser considerados como AP´s, sin embargo los fabricantes mantienen una definición particular para catalogar los equipos en forma genérica y elemental, aunque funcionalmente en realidad se pueden comparar con bridges que unen dos segmentos de red.

12.1.2-Equipamiento utilizado en AP no inteligentes

Entre la casa y el trabajo, ha aparecido un espacio en donde también se pretende ofrecer conectividad y por ende acceso a la web. Por ejemplo, en la ciudad de Córdoba, se está implementando una red de acceso libre y gratuito a Internet, que tiene por objetivo, llegar a todos los sectores de la población.

Uno de los retos técnicos más grande al que se enfrenta la implementación de esta red, es la ubicación e instalación de estos AP en la vía pública, ya sea porque se les debe proporcionar a cada uno de ellos la conexión a Internet, como también se requiere darle seguridad ante el riesgo que representa el vandalismo y el robo.

La primera de estas requisitorias, se puede satisfacer, utilizando una arquitectura Mesh, en frecuencias correspondientes al estándar IEEE 802.11.a y de esta forma, el ancho de banda de internet llegará a cada AP a través de aquel más cercano y que le permita comunicarse con el que oficie de cabecera del grupo. La necesidad de darle seguridad al equipamiento instalado, se puede subsanar haciendo que los AP dispongan de una inteligencia mínima, previendo que si son accedidos por ladrones, el equipamiento no sea de utilidad para otras funciones distintas a las que pueden proporcionar dentro de la propia red.

Para esto, la red se debe diseñar con una arquitectura, donde se cuente con un controlador central, el cual ha de gestionar una cierta cantidad de AP, a los que se los puede considerar como un simple transceptor que cumple la función de trasladar la información al usuario. La inteligencia centralizada en el controlador, hace que este tenga las tareas de administrar la autenticación de aquellos que se hacen presentes en la red, como también fijar pautas de seguridad en el acceso y el manejo de todo lo relacionado con la configuración, entre otros aspectos no menos importantes.

De esta manera, el controlador se convierte en un punto único donde se centraliza las funcionalidades requeridas por la red y por cierto propenso a fallas. Si falla el controlador, todos los AP bajo su órbita, quedarán fuera de servicio. Para salvar esta situación, es que generalmente se instalan más de uno en racimos, es decir, si se produce un fuera de servicio de uno de ellos, el o los controladores restantes, tomarán la tarea de aquel deteriorado y por lo tanto no afecta a la red, pudiéndose afrontar el mantenimiento sin sobresaltos.

Red Mesh

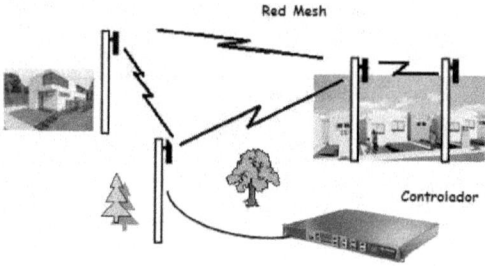

Controlador

Figura 12.2

12.2-Dispositivos Suscriptores, CPE

En primer lugar, nos ubicaremos en un ambiente interior, para listar aquellos dispositivos suscriptores con los que podemos encontrarnos. Las tarjetas inalámbricas para clientes, vienen en distintas formas.

Una de ellas, son las tarjetas PCI las que pueden ser instaladas dentro de computadores de escritorio o servidores. Se requiere abrir la carcasa del computador por lo que su instalación podría ser un poco más engorrosa que otras opciones.

Las tarjetas PCMCIA o PC Card, son hechas específicamente para computadoras portátiles, que tienen este tipo de puerto. Estas tarjetas ocupan poco espacio y no se requiere abrir la computadora para instalarlas. Los computadores de escritorio no tienen ranuras PC Card, pero existen adaptadores PC Card a PCI y PC Card a ISA que pueden utilizarse para aprovechar hardware existente.

Figura 12.3

Las tarjetas Mini-PCI son esencialmente versiones de factor de forma pequeño de las tarjetas tipo PCI, que a menudo están incorporadas a las computadoras portátiles o en dispositivos dedicados al acceso inalámbrico. Aunque es posible instalarlas en algunos portátiles, esto muy probablemente anularía la garantía. Muchos computadores portátiles modernos vienen con tarjetas mini-PCI pre-instaladas. En términos de instalación de controladores son equivalentes a las tarjetas PCI.

Los adaptadores USB funcionan en la mayoría de computadores de escritorio y portátiles, ya que las máquinas en la actualidad soportan el conector USB estándar. Estos adaptadores son pequeños, no se requiere abrir el computador y se pueden colocar y remover de forma muy sencilla.

Si ahora, nos ubicamos en un ambiente exterior, cabe mencionar que el equipamiento utilizado para estos fines, puede diferir, de lo descripto anteriormente, solo en la potencia de emisión.

Figura 12.4

La utilización de una antena exterior, hace que el equipo deba ser colocado a muy poca distancia de ella (<0,50 m) a fin de evitar las pérdidas del coaxil, cuando no tiene una antena integrada. La alimentación de energía, se realiza a través de PoE tema que se describe luego y desde el punto de vista mecánico, amerita la utilización de una caja con propiedades de estanqueidad.

Oscar Eduardo Gutierrez

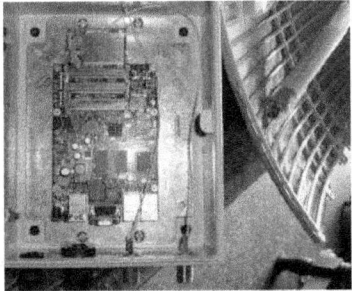

Figura 12.5

Resumiendo se puede decir que hay una gran cantidad de fabricantes que producen hardware inalámbrico para computadoras, y solo existen unas 10 compañías que hacen los conjuntos de circuitos integrados utilizados para el acceso inalámbrico, que se instalan en las tarjetas. A título informativo, algunos de los chipset más comunes son: Atheros, Intel Pro/Wireless 2100 y 2200, Prism2/2.5/3, Orinoco, Broadcom, etc.

12.3-Alimentación sobre Ethernet

El IEEE redactó una especificación para Power over Ethernet (PoE) bajo la denominación 802.3af. Este instituto, propuso que el estándar afectará a comunicaciones basadas en Ethernet en todos los aspectos de la red, incluyendo conectores de red, telefonía de IP, y redes LAN inalámbricas.

Power over Ethernet no es un concepto nuevo, es simplemente una manera eficiente de proporcionar alimentación en forma directa y confiable en el mismo par trenzado de categoría 5, 5e ó 6 por el cual se transmiten los datos, ahorrando tiempo y costos para llegar a energizar dispositivos como cámaras, teléfonos IP y AP sin necesidad de contar con fuentes de alimentación locales.

PoE, permite obtener ventajas como flexibilidad, ya que los dispositivos de red pueden ser reubicados en cualquier lugar donde el desempeño sea mejor, sin estar condicionado a la existencia de una boca de alimentación existente. Esto es importante en equipos como los Puntos de Acceso de una red Inalámbrica, los cuáles son instalados en lugares de no fácil acceso. La confiabilidad, es otro de los factores positivos, ya que implementado junto a un sistema de energía ininterrumpida UPS, permite mantener los servicios, y por cierto está el bajo costo que elimina la necesidad de utilizar cables de datos y de energía en cada dispositivo de la red. Otra ventaja, es que los dispositivos PoE se pueden gerenciar a través de SNMP lo cuál disminuye el costo administrativo de la red.

12.3.1-Componentes de una red 802.3af

En términos de arquitectura y especificaciones de cableado, no hay diferencia entre una red Ethernet común 802.3 cableada y una 802.3af. Para la red, el transportar la alimentación requiere simplemente el agregado de una Fuente de Alimentación - PSE (Power Source Equipment) que inyecta el voltaje requerido de corriente continua en el tendido de cables UTP, enviando la alimentación a los dispositivos localizados en la red. Hay dos tipos básicos de PSE, Mid-Span y End-Span.

Las soluciones Mid-Span, que son los más frecuentes hoy, implementan la PSE fuera del switch de la red, en cambio, las soluciones End-Span integran la PSE dentro de switch.

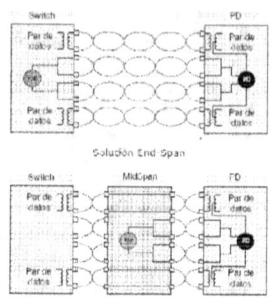

Figura 12.6

12.3.2-Cableado

Los componentes que limitan la alimentación en la infraestructura de una red son típicamente los paneles de conexión (patch panels) y su cantidad de conectores. La categoria 5 es capaz de transportar de uno a dos amperios de corriente continua, pero la especificación 802.3af limita el promedio de corriente a 350 mA (15.4 W con 44 Vcc a 57 Vcc). La potencia máxima disponible acorde con el estándar en dispositivos ubicados a 100 m es aproximadamente 12.95 W. Siempre se debe considerar un pequeño aumento de pérdida de potencia debido a la resistencia de los cables.

12.3.3-Dispositivos Alimentados

El PSE entrega la alimentación sobre dos cables dentro del tendido de red LAN, que puede ser cualquier par de datos (pins 1, 2, 3, y 6) o pares de respaldo (pins 4, 5, 7, y 8). El dispositivo alimentado - PD (Powered Device) en la red debe ser capaz de recibir PoE vía los pares de datos o vía pares de respaldo.

El estándar IEEE 802.3af incluye un esquema de descubrimiento de señal para asegurarse que los dispositivos son PD o no, el cual es conocido como el Resistive Power Discovery, esto asegura que el equipo que se conecta, sea compatible con PoE, y no esté enviando energía a la red y causando posibles daños.

El PSE realiza este descubrimiento aplicando dos señales de bajo voltaje a través del cable chequeando la presencia de una resistencia característica de 25 kO. La energía es entregada sólo si esta resistencia es detectada.

Como opcional al proceso de descubrimiento, un PD puede indicar que cantidad de energía requerirá de un PSE, esta característica respalda al PSE ayudando a proveer energía de manera eficiente. Después que el PSE ha descubierto un PD, este proveerá 48 Vcc y una corriente máxima de 350 mA. Una vez que comienza a proveer la energía, continuamente monitorea la corriente consumida.

Si el consumo de energía de un PD baja a un nivel mínimo, por ejemplo cuando el dispositivo es desconectado, el PSE deja de enviarle energía y el proceso de búsqueda comienza nuevamente.

13
WiMax - IEEE 802.16

13.1 Introducción

Operadores, proveedores de servicios y fabricantes, están más que consustanciados con este estándar conocido como WiMAX, que es una especificación para redes metropolitanas inalámbricas
(WMAN) de banda ancha.

El hecho de que WiMAX no sea todavía una tecnología de consumo masivo como lo es Wi-Fi, ha per-
mitido que el estándar se desarrolle conforme a un ciclo bien establecido, lo que es garantía de su
estabilidad y de cumplimiento con las especificaciones, algo similar a lo que sucedió con GSM.

13.2 Estandarización

El desarrollo del proyecto para este estándar comienza, por parte del IEEE, allá por 1999, y el trabajo
es completado recién en abril del 2002 donde se publica una versión libre del IEEE 802.16, referida a
enlaces fijos de radio, para cubrir la "última milla".

Una nueva versión, el 802.16a, se completa en noviembre del 2002, se aprueba el 29 de enero del
2003 y se publica el 1 de abril de ese año. Fue entonces cuando WiMAX, empezó a cobrar relevancia,
como una tecnología de banda ancha inalámbrica. También pensada para enlaces fijos, pero exten-
diendo el rango de cobertura, pasando de 40 a 70 kilómetros, además, operando en la banda de 2 a
11 GHz. Lo que abarca las bandas licenciadas de 3,5 GHz y 10,5 GHZ, válidas internacionalmente, y las
de 2,4 GHz y 5,725-5,825 GHz que son de uso común y no requieren disponer de licencia alguna.

13.3-Características

	802.16	802.16a	802.16e
Espectro	10 - 66 GHz	< 11 GHz	< 6 GHz
Funcionamiento	Solo con visión directa	Sin visión directa (NLOS)	Sin visión directa (NLOS)
Tasa de bit	32 - 134 Mbit/s con canales de 28 MHz	Hasta 75 Mbit/s con canales de 20 MHz	Hasta 15 Mbit/s con canales de 5 MHz
Modulación	QPSK, 16QAM y 64 QAM	OFDM con 256 subportado-ras QPSK, 16QAM, 64QAM	Igual que 802.16a
Movilidad	Sistema fijo	Sistema fijo	Movilidad pedestre
Anchos de banda	20, 25 y 28 MHz	Seleccionables entre 1,25 y 20 MHz	Igual que 802.16a con los canales de subida para ahorrar potencia
Radio de celda típico	2 - 5 km aprox.	5 - 10 km aprox. (alcance máximo de unos 50 km)	2 - 5 km aprox.

Tabla 13.1

Estas velocidades se logran utilizando modulación OFDM con 256 subportadoras, (ver Anexo B) y cabe remarcar que esta técnica de modulación está suficientemente probada. Admite los modos FDD y TDD gestionando varios cientos de usuarios por canal, independientemente del protocolo que se utilice, pueden ser IP, Ethernet, ATM etc., ofreciendo también Calidad de Servicio (QoS) en 802.16e, por lo cual resulta adecuado para voz sobre IP (VoIP), datos y vídeo.

Otra característica de WiMAX es que permite el uso de las llamadas antenas inteligentes (smart antenas), lo cual mejora la eficiencia espectral, llegando a conseguir 5 bps/Hz, el doble que 802.11a. Estas antenas inteligentes, emiten un haz muy estrecho con lo cual se evita interferencias entre canales adyacentes a la vez que se disminuye el nivel de potencia.

El estándar contempla la posibilidad de formar redes malladas para que una comunidad de usuarios dispersos, puedan comunicarse entre sí, a un costo muy bajo y con una gran seguridad al disponerse de rutas alternativas entre ellos. En cuanto a seguridad, incluye autenticación de usuarios y la encriptación de los datos mediante los algoritmos Triple DES (128 bits) y RSA (1.024 bits).

13.4-Aplicaciones

Esta tecnología, está llamada a proveer soluciones inalámbricas de banda ancha a través de múltiples segmentos, la figura 13.1 enumera los posibles usos:

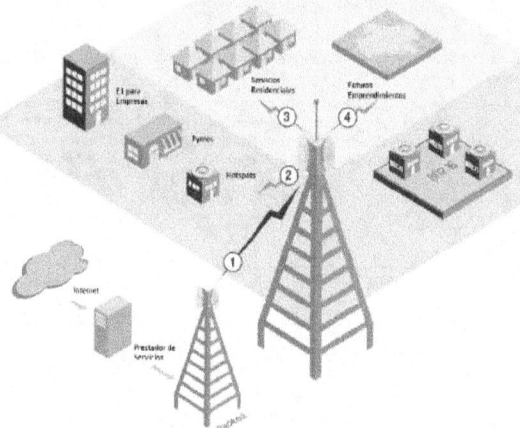

Figura 13.1

13.4.1 Enlaces entre celdas

Si prestamos atención a las torres de telefonía celular, veremos que la interconexión entre celdas, se efectúa en forma inalámbrica en prácticamente el 80 % de ellas. Esta es una alternativa económica y confiable para los proveedores de servicio celular, que ya lo están utilizando.

Lo atractivo, de la tecnología 802.16a, es el robusto ancho de banda que lo hace una excelente opción para la interconexión de servicios con aplicaciones punto a punto.

117

13.4.2 Ancho de banda bajo demanda

Los accesos inalámbricos de banda ancha de última milla están ayudando al despliegue de AP en 802.11 y LAN's inalámbricas ya sea de pequeñas empresas como de hogares, especialmente en aquellas áreas no servidas por cable o ADSL o en áreas donde las empresas telefónicas les lleve un largo tiempo para dar el servicio de banda ancha a quienes requieren por ejemplo una trama E1.

La tecnología inalámbrica 802.16a permite a un prestador de servicios llegar con velocidades comparables a las soluciones cableadas en cuestión de días y con una reducción de costo significativa. Esta tecnología también posibilita a este proveedor, ofrecer instantáneamente conexiones configurables "a demanda" en forma temporaria para diferentes eventos, por ejemplo en épocas de festivales, pudiendo en casos agrandar o achicar el ancho de banda del servicio, literalmente en segundos bajo requerimiento del cliente.

13.4.3 Banda ancha residencial

Las empresas que ofrecen cable TV, o las telefónicas con ADSL, tienen limitaciones prácticas para alcanzar a potenciales clientes de banda ancha, y además, las redes instaladas hace ya tiempo, no disponen de una vía de retorno. Hacer este tipo de modificaciones en redes cableadas, representa hacer inversiones, y es disuasivo para los prestadores de servicio sobre todo en áreas con baja densidad de suscriptores.

Es por esto que disponer de sistemas basados en el estándar 802.16 posibilita ofrecer un abanico de prestaciones para llegar allí donde otros no lo hacen ya que el ancho de banda permitirá sumar todos los servicios que hoy son casi esenciales en un hogar.

Es verdad también que en poner en marcha un sistema inalámbrico propietario es relativamente costoso para despliegues de masa, ya que el estándar está en proceso de superar las economías de escala.

Técnicamente son muchos beneficios, como la ausencia del requerimiento de línea de vista, gran ancho de banda, y la inherente flexibilidad si a esto se le suma bajo costo, pesan más que las limitaciones que se le atribuyen a las tecnologías alambicas.

13.4.4 Áreas no cubiertas

La tecnología inalámbrica basada en IEEE 802.16 es también una opción natural para las áreas rurales no cubiertas y suburbios con baja densidad de población. Día a día se ve con asombro cómo se van creando nuevos barrios ya sea por vía del gobierno, como erradicación de villas, o emprendimientos de barrios privados en las adyacencias de las ciudades. En estas áreas, los prestadores de servicio históricos, deben hacer inversiones en infraestructura cableada, que en muchas ocasiones son muy significativas, y no están dispuestos a realizarla si la rentabilidad no es importante. Este es un medio para llegar en forma masiva y con servicios de pequeño y de gran consumo a esos sectores.

13.5 - Topologías

13.5.1 Punto Multipunto

En esta topología, el enlace inalámbrico IEEE 802.16, el cual, en el downlink es generalmente broadcast, opera con una estación base central, que es capaz de manejar múltiples sectores independientes, en forma simultánea. Dentro de un canal de frecuencia dada y un sector de antena, todas las estaciones reciben la misma transmisión o parte de la misma. La estación base, es el único transmisor funcionando en esta dirección, de manera que transmite sin necesidad de coordinar con otras estaciones, excepto por la duplexación por división de tiempo que puede dividir períodos de transmisión de uplink y downlink.

La estaciones suscriptoras, comparten el uplink hacia la estación base bajo demanda, dependiendo de la clase de servicio a utilizar. El suscriptor, puede mantener los derechos de transmisión o el mismo puede ser garantizado por la base luego de recibir el pedido por parte del usuario.

Dentro de cada sector, los usuarios adhieren a un protocolo de transmisión que controla el orden entre usuarios y faculta al servicio para ser acomodado a los requerimientos de ancho de banda y retardo de cada aplicación de usuario. Esto está implementado usando garantías de ancho de banda no solicitados, interrogación y procedimientos de contención.

Estos procedimientos son definidos en los protocolos para posibilitar a los proveedores optimizar el desempeño del sistema usando diferentes combinaciones de técnicas de asignación de ancho de banda. Por ejemplo, la contención puede ser usada para evitar la interrogación individual de estaciones suscriptoras que han estado inactivas por un largo período de tiempo.

El uso de la interrogación simplifica la operación de acceso y garantiza que algunas aplicaciones reciban servicio de manera prioritaria, si se requiere. En general las aplicaciones de datos son tolerantes al retardo, pero las de tiempo real como voz y video requieren servicio de manera uniforme y a veces en un esquema muy rígido. El control de acceso al medio (MAC), es orientado a la conexión, y este control define los parámetros de QoS que son intercambiados en la conexión.

El concepto de flujo de servicio en una conexión tiene suma importancia en la operación del protocolo MAC, ya que provee un mecanismo para el manejo de QoS del uplink y downlink. Una vez establecidas las conexiones, puede ser requerido mantenimiento activo, el que puede variar de acuerdo al tipo de servicio conectado.

Por ejemplo, un servicio E1 no canalizado, virtualmente no requiere servicio de mantenimiento dado que, posee ancho de banda constante por cada frame. Los servicios E1 canalizados requieren algún mantenimiento debido al requerimiento dinámico de ancho de banda, acoplado con el requerimiento de ancho de banda total disponible bajo demanda. Los servicios IP pueden requerir una cantidad sustancial de mantenimiento prolongado debido a la alta posibilidad de fragmentación.

13.5.2- Mesh (Malla)

La diferencia principal entre los modos Mesh y PmP radica en que, en este último, el tráfico solo ocurre entre la base y el suscriptor, mientras que en el modo Mesh el tráfico puede ser ruteado a través de los CPE`s e inclusive puede ocurrir entre ellos.

Dependiendo del algoritmo del protocolo de transmisión, esto puede ser realizado en base a uniformidad, usando programación distribuida o en base a superioridad con una base principal, la cual efectivamente resulta en programación centralizada o una combinación de ambas.

Los otros tres términos importantes en un sistema Mesh son **vecino, vecindario y vecindario extendido**. Las estaciones con las que el nodo tiene vínculo directo son llamadas vecinas. Los vecinos de un nodo deben formar un vecindario. Un vecindario extendido contiene todos los vecinos.

En un sistema Mesh, todos los nodos incluidos la base principal, deberían coordinar sus transmisiones en su vecindario a 2 saltos y podría difundir sus recursos disponibles, requerimientos y garantías a todos sus vecinos. No hay diferencia en el mecanismo usado en determinar la programación para el downlink y uplink.

Todas las comunicaciones están en el contexto de enlace, el cual es establecido entre dos nodos. Un enlace, debe ser usado por todas las transmisiones de datos que se generen entre dos nodos. La QoS es provista a través de los enlaces por los mensajes, y los parámetros del enlace, pero cada mensaje unicast tiene parámetros de servicio en el encabezado. Los parámetros de servicios asociados para cada mensaje deben ser comunicados juntos con el contexto de mensaje vía la MAC.

Los sistemas Mech son típicamente omnidireccionales.

13.6 - Beneficios

13.6.1 Tasa de transferencia

Por medio de un robusto esquema de modulación, el IEEE 802.16 permite una alta tasa de transferencia con un alto nivel de eficiencia espectral. En otro aspecto, la modulación dinámica adaptativa permite a la estación base negociar la velocidad de transferencia por rangos. Por ejemplo, si la estación base no puede establecer un enlace robusto a un suscriptor distante, usando un esquema de modulación como 64QAM, el orden de modulación disminuye a 16QAM o QPSK, lo cual reduce la tasa de transferencia pero se incrementa el rango efectivo.

13.6.2 Escalabilidad

Para acomodar fácilmente un planeamiento de celda en el espectro, ya sea en bandas licenciadas como en no licenciadas, el 802.16 soporta canales de ancho de banda flexibles. Por ejemplo, si un operador tiene asignado 20 MHz de espectro, éste, puede dividirlo en 2 sectores de 10 MHz, o 4 sectores de 5 MHz. Para escalar aun más la cobertura, el operador puede re-usar el mismo espectro en dos o más sectores creando aislaciones propias entre las antenas de las estaciones base.

13.6.3 Cobertura

Sumado al esquema de modulación robusto y dinámico, el estándar IEEE 802.16 también soporta tecnologías que incrementan la cobertura, como lo son el uso de una topología de malla y las técnicas de "antena inteligente".

13.6.4 Calidad de Servicio

La capacidad de transportar voz es extremadamente importante, especialmente en mercados como los nuestros y no cubiertos por el servicio cableado. Por esta razón el estándar IEEE 802.16a incluye características de QoS.

Las características de "garantía" requeridas por el controlador de acceso al medio (MAC) del IEEE 802.16, permiten al operador brindar simultáneamente niveles de servicio Premium garantizados para negocios, tanto como niveles de servicio E1, y servicio de alto volumen 'best effort' a hogares, similares a niveles de servicio de cable, todos dentro de la misma área de servicio perteneciente a una estación base.

14
Especificaciones MAC/PHY

14.1- Introducción

Al considerar el Control de Acceso al Medio y la Capa Física, el protocolo IEEE 802.16 como ya se expresó, está basado en modulación OFDM y diseñado para operación NLOS (operación sin línea de vista) en las bandas por debajo de los 11 GHz.

A partir del diagrama en bloques de un transceptor, se irá describiendo cada una de sus partes.

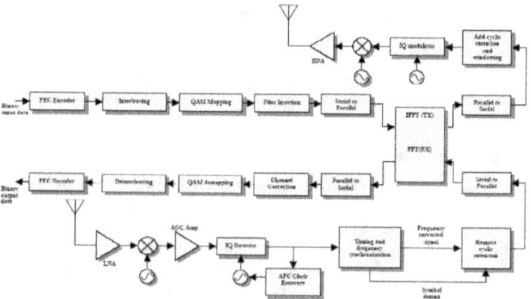

Figura 14.1

14.2-Codificación de canal

La codificación de canal está compuesta de tres pasos: Randomizador, FEC e Interleaving. Ellos deben ser aplicados en este orden en transmisión y las operaciones complementarias deben ser aplicadas en orden inverso en la recepción. Veamos cada uno de ellos.

14.2.1- Randomización

La randomización, tiene por objeto evitar que en una secuencia se den valores altos de *peak to average power ratio* (PAPR) que puedan producir distorsiones no lineales e irrecuperables de la señal, es realizada por un Generador Pseudo Aleatorio de Secuencia Binaria (PRBS) en cada asignación (uplink ó downlink), lo cual significa que para cada bloque de datos (sub-canales en el dominio de la frecuencia y símbolos OFDM en el dominio del tiempo) el randomizador puede ser usado independientemente.

Si la cantidad de datos a transmitir no corresponden exactamente con el número de datos asignados, debe ser adicionado un relleno de unos solamente, al final del bloque de transmisión.

El Registro de Desplazamiento, debe ser inicializado para cada nueva asignación, y el Generador es de la forma $1+X^{14}+X^{15}$ como el mostrado en la figura 14.2. Cada byte de dato a ser transmitido debe ser ingresado secuencialmente siendo primero el MSB. El valor de la semilla, debe ser usado para calcular los bits de randomización, los cuales están combinados en una operación XOR con un arreglo de bit serializado para cada ráfaga. La secuencia del randomizador es aplicada solo a los bits de información, los preámbulos no son randomizados.

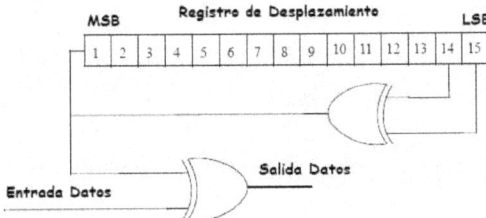

Figura 14.2

En el downlink el randomizador debe ser reinicializado al comienzo de cada frame con la secuencia: 1 0 0 1 0 1 0 1 0 0 0 0 0 0 0, y no debe resetearse al comienzo de la ráfaga N° 1.

En cambio, al comienzo de una sub-secuencia de ráfaga el randomizador debe ser inicializado con el lector mostrado en la figura 14.3. El número de frame usado para inicialización está referido al frame en el cual el comienzo del downlink es transmitido.

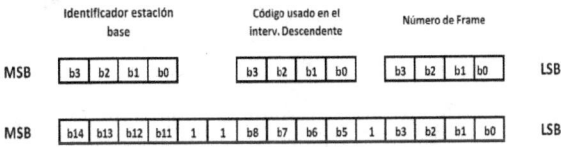

Figura 14.3

En el uplink el randomizador es inicializado con el vector idéntico al anterior, solo que el número de frame usado para inicialización se refiere al frame en el cual el comienzo de la ráfaga es transmitido.

Los bits generados por el randomizador deben ser aplicados luego al codificador.

14.2.2- FEC

Forward Error Correction es un sistema de corrección de errores para la transmisión de información, en el cual, el emisor añade datos redundantes que permiten al receptor detectar y corregir errores sin la necesidad de solicitar una retransmisión. De esta manera, se evita incrementar el volumen de datos enviados, repercutiendo en el ancho de banda utilizado.

El volumen de información redundante y su disposición, determina el tipo de código FEC, el que puede variar según las condiciones del medio. Así también, el código establece el número máximo de errores que se pueden corregir.

El FEC consiste en la concatenación del código externo Reed-Solomon (RS) y el código interno convolucional (CC) de tasa compatible, y debe ser soportado por el uplink y downlink. Opcionalmente, puede utilizarse Códigos Bloque Turbo (BTC) o Código Convolucional Turbo (CTC).

14.2.2.1 - Código Convolucional concatenado Reed-Solomon (RS-CC)

La codificación es realizada primero pasando los datos en formato de bloque a través de un codificador Reed-Solomon el que debe ser derivado de un código sistemático RS (N=255, K=239, T=8) usando GF (2^8) como conjunto finito de elementos. N representa el número total de bytes luego de la codificación, K es el número de bytes de datos antes de ser codificados y T es el número de bytes de datos que pueden ser corregidos.

Una palabra de código RS se genera usando el "Polinomio Generador de Código":

$$g(x) = (x + \lambda^0)(x + \lambda^1)(x + \lambda^2)...(x + \lambda^{2T-1})\lambda = 02_{HEX}$$

El Polinomio Generador de Campo, es empleado para dividir los productos a fin de que todos los resultados queden dentro del campo.

$$p(x) = x^8 + x^4 + x^3 + x^2 + 1$$

Cada bloque RS luego es codificado por el codificador binario convolucional el cual debe tener una tasa nativa de ½, una contracción de longitud igual a 7 y debe usar el siguiente código generador polinomial para derivar sus dos bits de código:

$$G_1 = 171_{OCT} \qquad para\ X$$
$$G_1 = 133_{OCT} \qquad para\ Y$$

El generador es mostrado en la figura 14.4

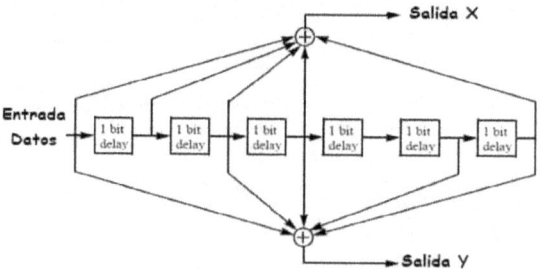

Figura 14.4

La tasa de codificación ½ Reed-Solomon-Convolucional siempre debe ser usada como modo de codificación cuando se requiere acceso a la red (excepto en modo de sub-canalización que usa solamente codificación convolucional ½).

Un byte de cola simple 0x00 es agregado al final de cada ráfaga. Este byte de cola debe ser agregado luego de la randomización.

En el codificador RS los bits redundante son enviados antes de la entrada de bits manteniendo el byte de cola 0x00 al final asignación. Cuando el número total de bits de datos en la ráfaga no es un número entero de bytes, se adiciona un relleno de ceros luego de la cola de bits ceros, (este relleno, no está randomizado). Notar que esta situación puede ocurrir solo en sub-canalización. En este caso la codificación RS no es empleada.

La tabla 14.1 da los tamaños de bloque y las velocidades de código usadas para diferentes modificaciones y velocidad de código.

Modulación	Tamaño de Bloque no Codificado	Tamaño de Bloque Codificado	Tasa de Codificación Global	Código RS	Tasa Código CC
BPSK	12	24	1/2	(12,12,0)	1/2
QPSK	24	48	1/2	(32,24,4)	2/3
QPSK	36	48	3/4	(40,36,2)	5/6
16-QAM	48	96	1/2	(64,48,8)	2/3
16-QAM	72	96	3/4	(80,72,4)	5/6
64-QAM	96	144	2/3	(108,96,6)	3/4
64-QAM	108	144	3/4	(120,108,6)	5/6

Tabla 14.1

Cuando es aplicada la sub-canalización en el uplink, el FEC debe bypasear el codificador RS y usar la Tasa de Codificación Global, como tasa de código CC. El tamaño de bloque no codificado y el tamaño de código codificado pueden ser computados mediante la multiplicación de los valores listados en la tabla por el número de sub-canales dividido 16.

En caso de modulación BPSK el codificador RS debe ser bypaseado.

14.2.3- Entrelazador

El entrelazado, es una técnica que se utiliza para aumentar la diversidad temporal de una señal haciendo que los errores que vienen en ráfagas no afecten a muchos bits de la misma palabra código permitiendo así la corrección de estos errores mediante los códigos de canal.

Por lo tanto, todos los bits de datos codificados deben ser procesados por un block entrelazador con un tamaño de bloque correspondiente al número de bits codificados por sub-canal asignado por símbolo OFDM, N_{cbps}.

El entrelazador está definido por dos paso de permutación.

El primero asegura que los bits codificados adyacentes sean mapeados en subportadoras no adyacentes.

La segunda permutación asegura que los bits codificados adyacentes son mapeados alternativamente dentro del bit más o menos significativo de la constelación, de esta manera se evitan largas ejecuciones de bits menos confiables.

La tabla 14.2 muestra los tamaños de bit entrelazados como una función de la modulación y codificación.

Modulación	16 Sub-Canales (Por defecto)	8 Sub-Canales	4 Sub-Canales	2 Sub-Canales	1 Sub-Canales
BPSK	192	96	48	24	12
QPSK	384	192	96	48	24
16-QAM	768	384	192	96	48
64-QAM	1152	576	288	144	72

Tabla 14.2

14.3-Modulación de Datos

Luego del entrelazado, los bit de datos resultantes, son ingresados serialmente al mapeador de constelaciones. El cuál soporta, de acuerdo a las necesidades, BPSK, QPSK, 16-QAM y 64-QAM.

En el downlink se considera codificación y modulación adaptativas por asignación, distinto al uplink que debe soportar diferentes esquemas basados en la configuración de los mensajes provenientes de las estaciones base.

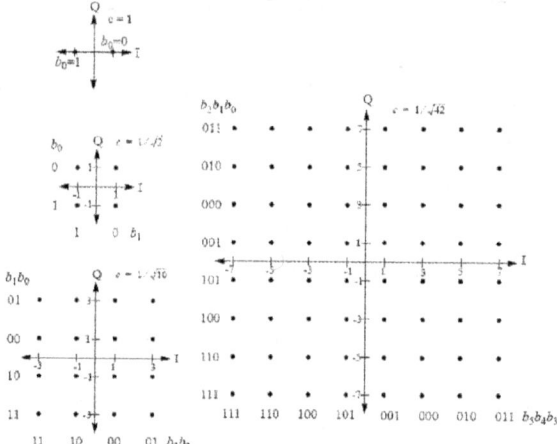

Figura 14.5

Los datos mapeados en la constelación deben ser modulados en todas las subportadoras de datos asignadas en orden al índice creciente de frecuencia offset. El primer símbolo fuera del mapeo de constelación de datos debe ser modulado dentro de la subportadora asignada con la menor frecuencia índice offset.

14.4-Modulación de Piloto

La trama OFDM se completa con la inserción de pilotos. En la capa Física del estándar 802.16-2004 se establece que se utilizan 256 subportadoras, de las cuales 192 son para datos, 8 son pilotos y 56 son nulas.

Los pilotos tienen diversas utilidades, entre ellas el facilitar la sincronización y la estimación del canal, así como la detección de desplazamientos en fase y frecuencia. Usan frecuencias fijas que no son utilizadas para datos, y se envían secuencias de datos conocidas o pseudoaleatorias codificadas con modulaciones de bajo orden como BPSK o QPSK.

Por último las 56 subportadoras nulas son utilizadas para resguardo de la banda y la frecuencia DC, que corresponde a la frecuencia central del canal.

15
Proyecto de red con tecnología WiMAX

15.1 - Introducción

Previo a describir los pasos para proyectar una red WiMAX, recordaremos las diferencias entre las dos tecnologías de redes inalámbricas hasta acá tratadas.

El Wi-Fi cubre las necesidades de red local diseñada para agregar movilidad a las redes LAN cableadas, WiMAX fue diseñada para entregar servicio de acceso de banda ancha en Áreas Metropolitanas, la idea, es de proveer servicios de acceso de Internet inalámbrico en localidades para competir con los servicios de TV cable y ADSL. Entonces mientras el Wi-Fi soporta transmisiones de corta distancia, (tendrían que ser metros), los sistemas WiMAX pueden soportar usuarios en rangos de hasta 48 Km.

Mientras que todas las implementaciones Wi-Fi usan bandas de frecuencia no licenciadas, WiMAX puede operar en el espectro licenciado o no licenciado.

La Tabla 15.1 muestra una comparación general de los atributos de ambas tecnologías, respecto de las características avanzadas.

	WiMAX 802.16a	Wi-Fi 802.11b	Wi-Fi 802.11a/g
Aplicación Primaria	Acceso Inalámbrico de Banda Ancha	LAN Inalámbrico	LAN Inalámbrico
Banda de Frecuencia	Licenciada/No Licenciada 2 – 11 GHz	2.4 GHz ISM	2.4 GHz ISM (g) 5 GHz U-NII (a)
Ancho Banda Canal	Ajustable 1.25 M a 20 Mhz	25 Mhz	20 MHz
Half/Full Duplex	Full	Half	Half
Tecnología de Radio	OFDM (256-canales)	DSSS	OFDM (64-canales)
Eficiencia BW	≈ 5 bps/Hz	≈ 0.44 bps/Hz	≈2.7 bps/Hz
Modulación	BPSK, QPSK, 16-, 64-, 256-QAM	QPSK	BPSK, QPSK, 16-, 64- QAM
Protocolo de Acceso	Requerido/Garantizado	CSMA/CA	CSMA/CA
Movilidad	WiMax Móvil (802.11e)	En Desarrollo	En Desarrollo
Mesh	Si	Propietario Fabricante	Propietario Fabricante

Tabla 15.1

15.2 - Consideración primera

En un proyecto de red, con tecnología WiMAX, se deben considerar los siguientes elementos claves que determinarán el dimensionamiento de la red, sea para el mercado residencial, sea para el mercado corporativo.

Partiremos de considerar una red WiMAX que sea:

- Una red IP. Con todas las funcionalidades y cuidados que este tipo de red exige.
- Una red punto-multipunto. Atendiendo a varios usuarios con una misma radio-base.
- Por ahora no se va a considerar una red mallada.

15.3 - Mercados para los cuales la red está siendo dimensionada

15.3.1 - Residencial

Los clientes de este mercado, utilizarán la red WiMAX haciendo comparaciones con servicios similares de Banda Ancha, como la tradicional oferta ADSL de las operadoras fijas. Incluso, podemos considerar que en esta misma categoría está inserto, el mercado de las PyMES.

En el momento actual, al no estar masificado, los precios de los CPE (*Customer Premise Equipment*) no se muestran muy competitivos y por ende la tecnología WiMAX. Cabe esperar que en el corto plazo, los precios decaigan, ya que así pasó con los modem ADSL, entonces esta tecnología será más competitiva.

Hay un nicho de oportunidades que puede darse, y es para atender las necesidades de los edificios de propiedad horizontal, ó los barrios privados, donde hay una alta concentración de población y en la actualidad no poseen ningún tipo de acceso a Internet. Se puede considerar allí el uso de WIMAX para este mercado residencial.

15.3.2 - Corporativo

Este mercado ya fue "motivo de atención" de WiMAX en sus primeros tiempos. En este segmento, están los clientes que realmente "pagan la cuenta" y quieren servicios de redes con muchas posibilidades.

WiMAX podrá ofrecer a este mercado, soluciones similares a las que ofrecen VPN, *frame relay*, y acceso IP (para voz, datos e Internet). Cabe preguntarnos, ¿Porqué los mercados corporativos utilizarían WiMAX, si existen soluciones con hilos para atenderlos?

"Tiempo y dinero", estas palabras son claves. Todas las soluciones de las operadoras históricas, en el país, tienen un plazo de instalación que está rondando los 30 a 60 días, una solución inalámbrica está disponible en mucho menos tiempo.

15.4 - Calidad de Servicio (QoS)

En este apartado, se hará un paréntesis al desarrollo del tema que se está tratando, para ampliar el término Calidad de Servicio QoS, ya que es un factor importante a la hora de proyectar una red inalámbrica.

En el ámbito de las redes de computadoras y de conmutación de paquetes, el término de ingeniería de tráfico, llamado Calidad de Servicio, (QoS) se refiere a la probabilidad de que una red de telecomunicaciones satisfaga un determinado contrato de tráfico con un proveedor o en muchos casos también, el termino es utilizado informalmente, para referenciar la posibilidad de que un paquete, al ser transmitido, llegue con éxito al punto de destino en una determinada red.

En el campo de la telefonía, el término QoS se refiere a la ausencia de ruido y diafonía en una línea ò el tener los niveles apropiados en un circuito de abonado o en una troncal.

15.4.1 - Problemas

Cuando Internet estaba en sus inicios, no había ninguna necesidad para que una aplicación de QoS estuviera corriendo. De esta forma, Internet entera utilizaba un sistema *Best Effort*. Existían 4 bits para "Tipo de Servicio" y 3 bits de "Precedencia" incluidos en cada mensaje, más ellos por lo general, no eran utilizados.

En esa situación, podían pasar muchas cosas con los paquetes, cuando eran transmitidos desde el origen hacia un determinado destino, estaban expuestos a distintos problemas, vistos desde el transmisor al receptor a saber:

Paquetes Caídos

Los router podían fallar en la manipulación de algunos paquetes si ellos llegaban cuando los (*buffers*) de los routers estaban llenos. Algunos, ningunos, o todos los paquetes podían ser descartados, dependiendo del estado de la red, y era imposible determinar anticipadamente lo que pudiera acontecer. La aplicación de recepción debía interrogar esta información para luego ser transmitida, causando atrasos severos en la transmisión en forma global.

Atraso

Podía demorar un tiempo largo para que un paquete llegue a su destino, porque podía ser mantenido en largas colas de espera, o seguir una ruta más larga para evitar congestionamiento. Alternativamente, un paquete podía seguir una ruta rápida o directa. Entonces el atraso era imprevisible.

Jitter

Los paquetes de una determinada fuente llegaban a destino con diferentes atrasos. Esta variación en el atraso es conocida como *jitter* y puede afectar seriamente la calidad de un *streaming* y/o un video.

Entrega Fuera de Orden

Cuando un conjunto de paquetes son ruteados a través de Internet, los diferentes paquetes podían tomar por diferentes rutas, y cada una provoca un atraso diferente. El resultado es que los paquetes llegaban a destino en orden diferente del que fueron enviados.

Para solucionar este problema se necesitaba protocolos complementarios para rearmar los paquetes "fuera de orden" una vez que ellos se almacenan en su destino.

Error

Algunas veces los paquetes perdían la dirección, o se combinaban con otros, ó simplemente se corrompían cuando eran transmitidos en una determinada ruta. El receptor tenía que detectar esta no conformidad y, simplemente descartar el paquete, solicitando al transmisor que reenvíe el paquete con error.

15.4.2 - Aplicaciones que necesitan de QoS

Un determinado factor de QoS puede ser necesario para ciertos tráficos de red, a saber:

1. La transmisión de multimedia puede exigir un *throughput* garantizado.
2. Telefonía IP o VoIP pueden exigir límites estrictos de *jitter* o atraso.
3. Teleconferencias de vídeo requerir un bajo nivel de *jitter*.
4. Enlace de emulación dedicados, exige tanto un *troughput* garantizado como límites máximos de atraso y *jitter*.
5. Una aplicación con seguridad crítica, tal como "cirugía a distancia" puede exigir un nivel garantizado de disponibilidad (también es conocido como *hard* QoS).

Estos tipos de servicios son llamados "inelásticos", lo que significa que requieren un determinado nivel de ancho de banda para funcionar – nada más. Y por el contrario, las aplicaciones "elásticas" pueden adecuarse en más o en menos cuando el ancho de banda está disponible.

15.4.3 - Obteniendo una QoS

Cuando el costo de los mecanismos para obtener QoS es justificado, los prestadores de servicio y los utilizadores de redes definen típicamente un acuerdo contractual donde se establece el nivel del servicio ofrecido y se especifican las garantías para ello y los limites de calidad de la red, (performance, throughput, latencia) basados en medidas mutuamente acordadas, generalmente dando prioridad al tráfico.

15.4.4 - Mecanismos de QoS

Los mecanismos de QoS pueden ser utilizados simplemente encima de la provisión de una red, de tal forma que todos los paquetes tengan una QoS suficiente para soportar aplicaciones sensibles.

Este procedimiento es relativamente simple, y es económicamente viable para muchas redes de banda ancha. El desempeño es razonable, particularmente si el usuario está dispuesto a aceptar algunos niveles de degradación. Por ejemplo, los servicios comerciales de VoIP están sustituyendo, y cada vez más, al servicio de telefonía tradicional aún cuando ningún mecanismo de QoS esté operando entre la conexión del usuario y su ISP (*Internet Service Provider*).

Para las redes de banda angosta, típicas de empresas chicas y de municipios, los costos de ancho de banda pueden ser substancialmente altos y difíciles de justificar. En estas situaciones, dos filosofías diferentes se pueden considerar para proyectar el tratamiento preferencial para los paquetes que lo requieran a saber: "IntServ" o "DiffServ".

Los routers que soportan la filosofía "DiffServ" utilizan múltiples colas de esperas para alojar los paquetes que serán transmitidos.

Los vendedores de router ofrecen potencialidades diferentes para configurar este comportamiento, como incluir gran número de colas soportadas, con prioridades relativas de las colas, y el ancho de banda reservado para cada cola.

En la práctica, cuando un paquete debe ser enviado hacia una interfase con encaminamiento, (por ej VoIP o Teleconferencias de vídeo) los paquetes necesitan bajo nivel de *jitter*, y se les da mayores prioridades que los paquetes de otras colas.

Típicamente, algunos anchos de banda son establecidos por default para el control de los paquetes de las redes (p/ej protocolos de enrutamiento), cuando el tráfico de *"Best Effort"* debe simplemente ser asegurado en forma independiente del ancho de banda que se haya garantizado.

Como se ha mencionado, a pesar de que la filosofía "DiffServ" es utilizada en muchas redes corporativas sofisticadas, ellas no son utilizadas a gran escala en Internet. Los atajos de *peering* de Internet son bastantes complejos, y parece no existir ningún entusiasmo entre los proveedores en soportar QoS entre las conexiones de *peering*, o un acuerdo sobre qué políticas serían soportadas para garantizar la QoS.

Entre los principales mecanismos de QoS destacamos:

- Constant Bit Rate (CBR)
- Constant Information Rate (CIR)
- Best Effort (BE)

15.4.4.1 - Constant Bit Rate (CBR)

CBR es un término utilizado en telecomunicaciones relacionado con la Calidad de Servicio (QoS). El principal objetivo de un servicio de clase CBR es soportar aplicaciones de tiempo real tales como vídeo o streaming de voz.

Es bien conocido que la calidad de la voz en una red de paquetes de VoIP es muy sensible a la latencia del paquete ó al *jitter*. Existen fabricantes de WiMAX que están creando *features* especiales para minimizar la latencia o el *jitter* y así mantener la voz con excelente calidad.

Hay fabricantes de WiMAX que almacenan el flujo CBR en *buffers* diferentes de aquellos tipo CIR y BE, lo que implicaría que el sistema "atienda" a los paquetes CIR o BE después que el sistema termina de transmitir todos los paquetes CBR.

Un CBR es útil para contenidos de streaming de multimedia en los canales de capacidad limitada donde la tasa máxima (bit rate) es la que importa, y no la media, de tal manera que un CBR sería utilizado para llevar ventaja de toda la capacidad de transmisión.

Una CBR no sería una elección óptima para almacenamiento porque no alojaría datos suficientes si estos son complejos, se produciría pérdidas y el resultado sería la degradación de la calidad.

IMPORTANTE!!!

La tasa CBR debe ser utilizada para dimensionar redes que serán utilizadas para aplicaciones de voz y servicio de datos críticos como aplicaciones financieras, y servicios de video

15.4.4.2 - Constant Information Rate (CIR)

En el negocio de las telecomunicaciones, al CIR se lo interpreta como un sinónimo de tasa mínima garantizada.

Tal como se describió en Anexo A, las redes basadas en conmutación de circuito, una vez que la comunicación es establecida, el ancho de banda a lo largo del camino, es fija y permanece reservada mientras dura la llamada. En caso de redes basadas en conmutación de paquetes, no existe reserva explícita de ancho de banda, y el flujo de paquetes se hace en función de la capacidad disponible del enlace.

Estos dos paradigmas transitaban separados hasta hace unos pocos años atrás, cuando fue descubierto que es posible establecer un "tipo de reserva de ancho de banda" en las redes de paquetes utilizando servicios especiales de escalonamiento (*scheduling*) llamados *Weighted Fair Queueing* (WFQ).

IMPORTANTE!!!

La tasa CIR debe ser utilizada para dimensionar redes que serán utilizadas para aplicaciones de Servicios de Datos menos Críticos como redes de VoIP.

15.4.4.3 - Best Effort (BE)

El factor BE describe un servicio de red en aquellas que no ofrecen condiciones especiales para recuperar datos perdidos o que se han deteriorado. La necesidad de proveer tales servicios hace obviamente, que la red opere en forma más eficientemente.

Un ejemplo de este servicio que opera como modelo de "mejor esfuerzo" es el Servicio de Correo. Normalmente este Servicio entrega sus cartas, pero usted no tiene la certeza de que fuera realmente enviada, si usted quiere asegurarse, debe pagar un costo extra.

El sistema reserva un porcentaje de tiempo del total de la capacidad del link para un flujo BE. Esto previene que dos flujos de prioridades mayores como CBR ó CIR anulen al flujo BE, durante los períodos de congestión del enlace.

Los flujos de BE tienen las siguientes propiedades:

- Para algunos fabricantes de WiMAX, el flujo de BE – como los de CBR ó CIR son almacenados en forma separada unos de otros.
- Los flujos de BE no están sujetos a control de admisión.
- Flujos activos de BE comparten igualmente las disponibilidades de la red entre ellos.

- Si los flujos de las clases de servicios CBR y CIR no utilizan completamente el ancho de banda, la parte libre puede ser utilizada para los flujos de BE.

Otro ejemplo son los protocolos TCP/IP, donde el primero ofrece servicios garantizados, y el protocolo IP trabaja en base al criterio de "mejor esfuerzo". TCP ejecuta un servicio para obtener la confirmación de envío por parte del receptor y envía la misma información al transmisor. En cambio IP hace lo mejor para enviar los paquetes hacia un destino, mas no toma ninguna actitud de recuperar los paquetes en el caso que se perdieran o sean enviados equivocadamente.

IMPORTANTE!!!

La tasa BE debe ser utilizada para dimensionar redes que serán utilizadas para aplicaciones de Internet.

15.5 - Tipos de Bandas

Regresando al Proyecto de una Red WiMAX, tendremos en cuenta dos tipos de bandas:

Simétricas

Utilizan la misma tasa para *upload* y *download*. Normalmente están reservadas para aplicaciones independientes del uso, por ejemplo, voz, vídeo, ó datos críticos.

Asimétricas

Bandas cuya tasa de *upload* difiere de la tasa de *download*. Normalmente la tasa de upload es inferior a la de download. Podemos citar como ejemplo de aplicación al mundo IP

Lo que se busca son soluciones de WiMAX con capacidad para acomodar estos dos tipos de bandas. Para eso destacamos las soluciones con dúplexación TDD que permiten bandas simétricas y asimétricas en la misma red de forma bastante optimizada.

15.6 - Coberturas

La tecnología WiMAX se adecua especialmente a las ciudades. La experiencia de campo muestra que las regiones con arboledas, no son muy favorables, al igual que las zonas montañosas. Esto puede parecer extraño, pero cuanto más concreto, mejor.

Aquí comenzamos a observar una de las características de WiMAX, el aprovecha las construcciones de una ciudad, para reflejar las ondas hasta su destino y en una ciudad, existen predios de vidrio (fantástico!!!), mucho mejor que el concreto. Esto se debe a la modulación utilizada, OFDM que optimiza las reflexiones de la señal en la transmisión.

Obviamente existen limitaciones, pues nada es tan perfecto, mas la práctica muestra que en la mayoría de los casos, una reflexión auxiliar aumenta la cobertura de WiMAX.

15.7. Reglas para dimensionar una red WiMAX

Licenciadas y No licenciadas

- El primer paso es elegir una banda de frecuencia.

- Cuanto menor es la frecuencia, mayor es la cobertura.

- Bandas no licenciadas no precisan ser adquiridas, porque cada operadora debe convivir con posibles adecuaciones de las redes por congestionamiento de frecuencia.

- Bandas licenciadas son exclusivas para cada operadora, porque deben ser adquiridas en licitaciones del ente regulador y representan un costo a ser incluido en el *Business Plan*.

Uso de células y rehúso de frecuencias (elija la frecuencia)

- Con una única frecuencia no es posible cubrir una ciudad. Deben ser consideradas por lo menos 2, 4 o 6 pares, creando células, con rehúso de frecuencias a fin de mantener frecuencias iguales distantes una de otras.

- Debemos considerar el reúso de frecuencias como una necesidad, siendo el factor de 3 muy utilizado, porque representa la mejor relación entre eficiencia y máxima tasa de disponibilidad entre sectores. La figura representa el reúso de frecuencias evitando interferencias de co-canal, por ejemplo.

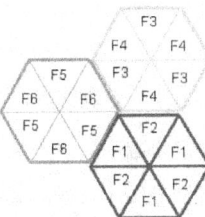

Figura 15.1

Throughput

- La velocidad ofertada a cada usuario WiMAX es un compromiso entre distancia y visión directa, o sea, cuanto más distante o más obstruido esté el usuario, será utilizada una codificación menos robusta (por ej. QPSK) que no transporta muchos bits/Hz.

- Por otro lado, usuarios próximos o con visión directa podrá utilizar codificación 64QAM, consiguiendo tasas de hasta 2,2bits/Hz.

Topografía (LOS, NLOS, OLOS)

- Todo proyecto de una red inalámbrica exige un análisis de cobertura realizado en sistemas computacionales y algunas veces estudios de campo.

- Existen varias soluciones para un sistema WiMAX con los cuales podemos obtener resultados de viabilidad de la red en función de la topografía de la región. En algunos casos, son necesarios análisis de campo, principalmente para las frecuencias no licenciada (5.8GHz) por causa de su gran utilización.

- En las frecuencias licenciadas, el máximo aprovechamiento está en transportar la mayor cantidad de información en una región, con una banda adquirida, considerando siempre que la banda de frecuencia es limitada, por lo tanto debe ser aprovechada al máximo.

- Siempre la topografía estará asociada a los 3 tipos de usuarios de una red: LOS: **Line of Sight**; NLOS: *Near-line-of-sight* o **Non-line-of-sight**; OLOS: *Obstructed line of sight*.

Backhaul

Que es Backhaul?

- En redes de tecnología inalámbrica, es utilizado para transmitir voz o datos de sitios de una célula para un *switch*. Es decir, de un sitio central para un remoto;

- En redes con tecnología satelital, es utilizado para transmitir datos de un punto (*uplinked*) hacia el satélite;

- Es utilizado para transmitir datos para un *backbone* de red.

Importancia de Backhaul

- Interconexión de estaciones rádio-bases (ERB)
- Formación de redes
- Capacidad para enrutar el tráfico de ERB

Tipos de Backhaul

- Radio digital punto a punto
- Fibra Óptica
- Líneas privadas

Últimos comentarios

Siempre que dimensionamos una red WiMAX, debemos considerar los costos de Bases, CPE´s y frecuencias. Existen algunos puntos del proyecto que deben ser considerados, porque representan costos y son importantes en la composición final del Negocio:

- Materiales: WiMAX es fundamentalmente un radio externo, necesitando de cables coaxiles, protectores de estos, gabinetes para alojar los equipos, etc.

- Infraestructura del predio y de antenas: alquiler o adquisición de espacio y energía para las Bases.

- *No-break*: su autonomía está relacionada con la calidad de servicio.

- Sistema de Gerenciamento: la red debe permitir el control del servicio y la gestión del sistema en forma integrada.

15.8. Cálculo Simplificado del dimensionamiento de una Red de WiMAX:

A continuación, vamos a ver en dos planillas, la manera de realizar el cálculo del dimensionamiento y ordenamiento de una red de WiMAX para los segmentos residenciales y corporativos.

Residencial

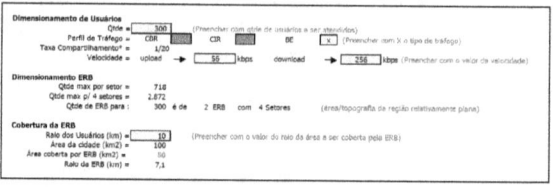

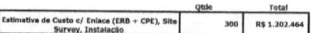

Nota:
- Preços estimado para quantidades acima de 1.000 usuários
- Configuração válida para freqüências de 3.5GHz e 5.8GHz
- Acrescentar % para manutenção mensal (soporte 8 x 5 ou 24 x 7)
   * Taxa de compartilhamento é a capacidade de uma rede IP oferecer serviços com "oversubscription"...

Corporativo

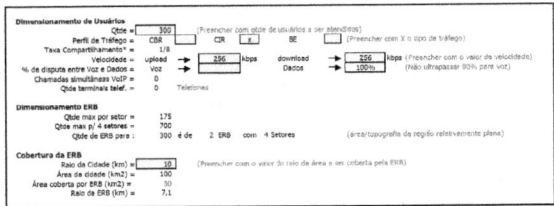

Dimensionamento de Usuários

Qtde =	300	(Preencher com qtde de usuários a ser atendidos)			
Perfil de Tráfego =	CBR	CIR	x	BE	(Preencher com X o tipo de tráfego)
Taxa Compartilhamento* =	1/8				
Velocidade =	upload	→	256	kbps	download → 256 kbps (Preencher com o valor de velocidade)
% de disputa entre Voz e Dados =	voz	→		Dados	→ 100% (Não ultrapassar 90% para voz)
Chamadas simultâneas VoIP =	0				
Qtde terminais telef. =	0	Telefones			

Dimensionamento ERB

Qtde max por setor =	175
Qtde max p/ 4 setores =	700
Qtde de ERB para :	300 é de 2 ERB com 4 Setores (área/tupografia da região relativamente plana)

Cobertura da ERB

Raio da Cidade (km) =	10 (Preencher com o valor do raio da área a ser coberta pela ERB)
Área da cidade (km2) =	100
Área coberta por ERB (km2) =	30
Raio da ERB (km) =	7,1

	Qtde	Total
Estimativa de Custo c/ Enlace (ERB + CPE), Site Survey, Instalação	300	R$ 1.533.664

Nota.
- Preços válidos para valores acima de 1.000 CPE´s
- Configuração válida para frequências de 3.5GHz e 5.8GHz
- Acrescentar % para manutenção mensal (normalmente suporte 24 x 7)
- * Taxa de compartilhamento é a capacidade de uma rede IP oferecer serviços com "oversubscription".

16
Bluetooth - IEEE 802.15.1.

16.1-Orígenes

En 1998, Ericsson, IBM, Intel, Toshiba y Nokia formaron un consorcio y adoptaron Bluetooth como nombre para la especificación a desarrollar (El nombre procede del rey danés y noruego Harald Blåtand cuya traducción sería Harold Bluetooth, conocido por ser buen comunicador y por unificar las tribus noruegas, suecas y danesas), y así como el rey danés, esta tecnología debía comunicar diferentes dispositivos como las computadoras, los teléfonos móviles y el resto de periféricos, a través de una interfase vía radio de entorno reducido y bajo costo.

En diciembre de 1999, 3Com, Lucent, Microsoft y Motorola se unieron a dicho grupo como promotores del **Bluetooth SIG** (Special Interest Group, grupo de interés especial). Posteriormente Lucent transfirió su participación y 3Com abandonó al grupo.

El Bluetooth SIG es una asociación privada sin fines de lucro con sede en Bellevue, Washington, y está formado por más de 9000 compañías de telecomunicaciones, informática, automovilismo, música, textil, automatización industrial y tecnologías de red (datos del 2008).

El Bluetooth SIG por sí mismo no fabrica ni vende dispositivos de esta tecnología, los miembros del grupo, dirigen el desarrollo de la tecnología inalámbrica Bluetooth, y cada uno, implementa y comercializa la tecnología en sus propios productos.

16.2-Visión general

Si bien el estándar se concibe como una solución para evitar el uso de cableados en las comunicaciones, la especificación principal de Bluetooth, define el nivel físico (PHY) y el control de acceso al medio (MAC) de una red inalámbrica de área personal. Este es el sistema básico, y hay una multitud de opciones en especificaciones complementarias, definidas por los perfiles Bluetooth.

Este tipo de redes se utilizan para la transferencia de información en distancias cortas entre un grupo privado de dispositivos. A diferencia de las LAN inalámbricas, están diseñadas para no requerir infraestructura alguna, es más, la comunicación no debería trascender más allá de los límites de la red privada. Esto se logra con redes ad-hoc simples, de bajo costo y consumo, para ello, Bluetooth define un espacio de operación personal omnidireccional en el seno del cual se permite una determinada transferencia de datos y la movilidad de los dispositivos.

Versión	Ancho de Banda (Mbps)
1.2	1
2.0 + EDR	3
EWB Bluetooth	53 - 480

Figura 16.1

En cuanto al ancho de banda se pueden definir distintos valores de acuerdo a la versión. En lo que respecta a los rangos de acción, se definen tres clases de dispositivos:

Clase	Potencia máx permitida (mW)	Potencia máx permitida (dB)	Rango aproximado (m)
1	100	20	~ 100
2	2,5	4	~ 20
3	1	0	~ 1

Figura 16.2

135

16.3-La interface aérea Bluetooth

Tal como se expresaba, el objetivo con que se ideó los primeros productos Bluetooth, era lograr movilidad, evitando los rígidos cableados en los dispositivos, sobre todo pensando en aquellas personas que se trasladan continuamente. Entonces, se debía pensar en integrar el chip de radio Bluetooth en equipos como PCs portátiles, teléfonos móviles, PDAs, etc. teniendo en cuenta algunas consideraciones:

✓ El sistema debía operar en cualquier parte.

✓ El consumo de energía del emisor de radio ser muy pequeño, ya que estaría integrado en equipos alimentados por baterías.

✓ La conexión, soportar voz y datos, y por lo tanto aplicaciones multimedia.

16.3.1-Banda de frecuencia libre

Para que pueda ser utilizado en cualquier lugar del mundo, el sistema hace uso de una banda de frecuencia abierta y disponible, como es la banda ISM (Médico-Científica Internacional) de 2,4 GHz, con rangos que van de los 2.400 MHz a los 2.500 MHz. En realidad hay algunas restricciones en países como Francia, España y Japón.

16.3.2-Salto de frecuencia

Bien sabemos que la banda ISM puede ser accedida por cualquier persona, por lo tanto, el sistema de radio Bluetooth debe estar preparado para evitar las interferencias que se pudieran producir. Esta tecnología hace uso del salto de frecuencia ya que éste método de acceso, puede ser integrado en equipos de baja potencia y bajo costo.

Figura 16.3

El sistema divide la banda de frecuencia en varios canales y los transceptores, durante la conexión van cambiando de uno a otro, con saltos de manera pseudo-aleatoria. Con esto se consigue que el ancho de banda instantáneo sea muy pequeño, con una propagación efectiva. En conclusión, con el sistema FH (Salto de frecuencia), se pueden conseguir transceptores de banda estrecha con una gran inmunidad a las interferencias.

16.3.3-Definición de canal

Utilizando FH/TDD, salto de frecuencia / duplexado por división de tiempo, el canal queda dividido en intervalos de 625 µs, llamados slots, y cada salto de frecuencia es ocupado por uno de ellos.

Esto da lugar a una frecuencia de salto de 1600 veces por segundo, en la que un paquete puede ocupar un slot para la emisión y otro para la recepción, pudiendo ser usados alternativamente, dando lugar al esquema TDD.

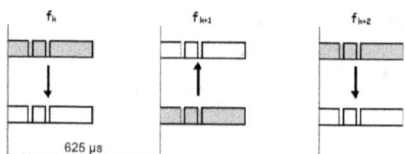

Figura 16.4

Dos o más unidades Bluetooth pueden compartir el mismo canal dentro de un entorno, donde una de las unidades actúa como maestra, controlando el tráfico de datos que se genera entre las demás unidades, las que actúan como esclavas.

El salto de frecuencia del canal está determinado por la secuencia de la señal, es decir, el orden en que llegan los saltos y por la fase de esta secuencia.

En Bluetooth, la secuencia queda fijada por la unidad maestra que controla el entorno con un código único para cada equipo, y por su frecuencia de reloj. Por lo tanto, para que una unidad esclava pueda sincronizarse con una unidad maestra, ésta primero debe añadir un ajuste a su propio reloj y así poder compartir la misma portadora de salto.

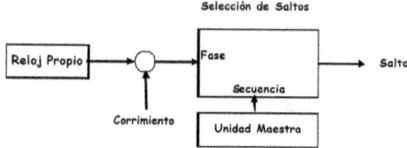

Figura 16.5

En aquellos casos donde la banda está abierta a 80 canales o más, con un espaciado entre ellos de 1 Mhz., se han definido 79 saltos de portadora, y en donde la banda es más estrecha se han definido 23 saltos.

16.3.4-Definición de paquete

El intercambio de información entre dos unidades Bluetooth, se realiza mediante un conjunto de slots que transportan los paquetes de datos. Cada paquete comienza con un código de acceso de 72 bits, que es propio de la unidad maestra, seguido de un paquete de datos de cabecera de 54 bits. Éste contiene información de control como: tres bits de acceso de dirección, tipo de paquete, bits de control de flujo, bits para la retransmisión automática de la pregunta, y chequeo de errores. Finalmente, la carga de información, que le sigue a la cabecera, y tiene una longitud de 0 a 2745 bits. En cualquier caso, cada paquete que se intercambia en el canal está precedido por el código de acceso.

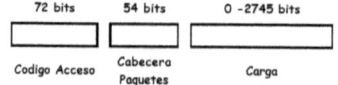

Figura 16.6

Los receptores del entorno, comparan las señales recibidas, mediante el código de acceso, si este **no coincide**, el paquete recibido no es considerado como válido en el canal y el resto de su contenido es ignorado.

Los paquetes de datos están protegidos por un esquema ARQ (Repetición Automática de Consulta). Si hay alguno que se pierde, son automáticamente retransmitidos, aun así, con este sistema, si un paquete de datos no llegase a su destino, sólo una pequeña parte de la información se perdería.

La voz en cambio, no se retransmite. Se utiliza un esquema de codificación muy robusto, basado en un tipo de modulación variable, que sigue la forma de la onda de audio y es muy resistente a los errores de bits.

16.3.5- Definición de enlace físico

En la especificación Bluetooth se han definido dos tipos de enlaces que permiten soportar incluso aplicaciones multimedia.

El primero de ellos, se define como "Enlace Asíncrono de Baja Conexión o Sin Conexión (ACL)" este tipo de enlaces, permite conexiones simétricas ó asimétricas, punto-multipunto entre maestro y esclavo. Se lo utiliza para el tráfico de datos, los que pueden ser enviados en forma protegida o sin proteger con una velocidad de corrección de 2/3. La máxima velocidad de envío es de 721 Kbps en una dirección y 57.6 Kbps en la otra.

El otro se denomina, "Enlaces Síncronos orientados a Conexión (SCO)", son conexiones simétricas punto a punto entre el maestro y el esclavo, capaces de soportar voz en tiempo real, estos enlaces están definidos en el canal, reservándose dos slots consecutivos (envío y retorno) en intervalos fijos.

Para los enlaces SCO, existen tres tipos de slot simple, cada uno con una portadora a una velocidad de 64 Kbits. La transmisión de voz se realiza sin ningún mecanismo de protección, pero si el intervalo de las señales en el enlace SCO disminuye, se puede seleccionar una velocidad de corrección de envío de 1/3 ó 2/3.

16.4- Red inalámbrica

16.4.1 Piconets

Sólo son necesarios un par de unidades con las mismas características de hardware para establecer un enlace y por cierto, que una de ellas se encuentre dentro del radio de cobertura de la otra. Dos o más unidades Bluetooth que comparten un mismo canal forman una piconet (Figura 16.7).

Figura 16.7

Una de las unidades establece la piconet, y es la que se convertirá en maestra, regulando el tráfico en el canal, y todas las demás serán esclavas. Se podría intercambiar los roles si una unidad esclava quisiera asumir el papel de maestra, sin embargo sólo puede haber una maestra en la piconet al mismo tiempo.

Cuando se establece la conexión, se añade un ajuste en la frecuencia de reloj de la unidad esclava en base al reloj de la maestra para poder sincronizarse. Estos ajustes, sólo son válidos mientras dura la conexión.

Como ya hemos comentado, las unidades maestras controlan en tráfico del canal, por lo que estas tienen la capacidad para reservar slots en los enlaces SCO. Para los enlaces ACL, se utiliza un esquema de sondeo.

Una esclava puede enviar un slot a una maestra solo cuando ésta le llama por su dirección MAC en el procedimiento de intercambio maestro-esclavo. Si la información de la esclava no está disponible, la maestra puede utilizar un paquete de sondeo para consultar a la esclava explícitamente. Los paquetes de sondeo consisten únicamente en uno de acceso y otro de cabecera. Éste esquema de sondeo central elimina las colisiones entre las transmisiones de las esclavas.

16.4.2-Estableciendo conexión

Los dispositivos, se pueden encontrar, en cinco estados diferentes:

- ✓ En espera (standby) antes de asociarse a una piconet.
- ✓ En búsqueda (inquiry).
- ✓ En solicitud (page),
- ✓ En conexión (connect/active) y
- ✓ En retención (park), pasando de uno a otro según el entorno.

Del total de 79 (23) portadoras posibles de salto, un subconjunto de 32 (16) es seleccionado en forma pseudo-aleatoria y definida por una única identidad. La secuencia de activación de cada una de ellas, se dará de tal forma, que cada salto será visitado una sola vez, con una secuencia de 32 (16) saltos.

Las unidades que se encuentran en espera, mueven sus saltos de portadora siguiendo la secuencia de las unidades activas, la que está determinada por el reloj de estas.

Durante la recepción de los intervalos, en los últimos 18 slots o 11,25 ms, las unidades escuchan una simple portadora de salto de activación y correlacionan las señales entrantes con el código de acceso derivado de su propia identidad. Si la mayoría de los bits recibidos coinciden con el código de acceso, la unidad se auto-activa e invoca un procedimiento de ajuste de conexión. Sin embargo si estas señales no coinciden, la unidad vuelve al estado de reposo hasta el siguiente evento activo.

Para establecer la piconet, la unidad maestra debe conocer la identidad del resto de unidades que están en modo espera en su radio de cobertura. Para ello, transmite el código de acceso en periodos de 10 ms repetidamente, hasta que el receptor responde o bien se excede el tiempo de respuesta.

Cuando una unidad emisora y una receptora seleccionan la misma portadora de salto, la receptora recibe el código de acceso y devuelve una confirmación de recibo de la señal, es entonces cuando la unidad emisora envía un paquete de datos que contiene su identidad y frecuencia de reloj actual.

El número máximo de unidades que pueden participar activamente en una simple piconet es de 8, una maestra y siete unidades esclavas, por lo que la dirección MAC del paquete de cabecera que se utiliza para distinguir a cada unidad dentro de la piconet, se limita a tres bits.

16.4.3-Scatternet

Los equipos que comparten un mismo canal, sólo pueden utilizar una parte de la capacidad de este. Aunque los canales tienen un ancho de banda de un 1 MHz, cuantos más usuarios se incorporan a la piconet, disminuye la capacidad hasta unos 10 Kbps más o menos.

Teniendo en cuenta que el ancho de banda medio disponible es de unos 80 MHz, éste no puede ser utilizado eficazmente, cuando cada unidad ocupa una parte del mismo canal de salto de 1 MHz, para poder solucionar éste problema se adoptó una solución de la que nace el concepto de scatternet.

Las unidades que se encuentran en el mismo radio de cobertura pueden establecer potenciales comunicaciones entre ellas. Sin embargo, sólo aquellas unidades que realmente quieran intercambiar información comparten un mismo canal creando la piconet. Éste hecho permite que se establezcan varias piconets en áreas de cobertura superpuestas.

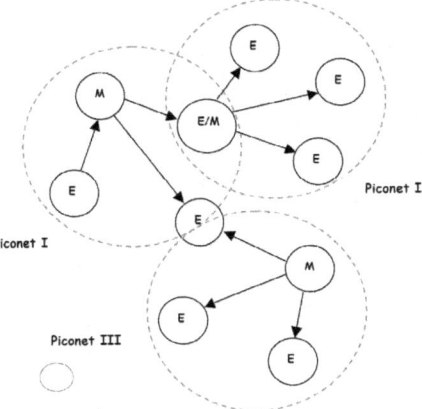

Figura 16.8

A un grupo de piconets se le llama scatternet. El rendimiento, en conjunto e individualmente de los usuarios de una scatternet es mayor que el que tiene cada usuario cuando participa en un mismo canal de 1 MHz.

Hemos de tener en cuenta que cuantas más piconets se añaden a la scatternet el rendimiento del sistema FH disminuye poco a poco, habiendo una reducción por término medio del 10% .

16.4.4-Comunicación inter-piconet

Teniendo varias piconets, éstas seleccionan diferentes saltos de frecuencia y están controladas por distintas maestras, por lo que si un mismo canal de salto es compartido temporalmente por piconets independientes, los paquetes de datos podrán ser distinguidos por el código de acceso que les precede, que es único en cada piconet.

La sincronización de varias piconets no está permitida en la banda ISM. Sin embargo, las unidades pueden participar en diferentes piconets en base a un sistema TDM (Múltiplexado por División de

Tiempo). Esto es, una unidad participa secuencialmente en diferentes piconets, a condición de que ésta esté activa sólo en una al mismo tiempo.

Una unidad al incorporarse a una nueva piconet debe modificar el ajuste interno de su reloj para minimizar la deriva con el de la maestra, por lo que gracias a éste sistema se puede participar en varias piconets realizando cada vez los ajustes correspondientes.

Cuando una unidad abandona una piconet, le informa a la maestra actual que no estará disponible por un determinado periodo, que será en el que estará activa en otra piconet. Durante su ausencia, el tráfico en la piconet entre la maestra y otras esclavas continúa igualmente.

De la misma manera que una esclava puede cambiar de una piconet a otra, una maestra también lo puede hacer, con la diferencia de que el tráfico de la piconet se suspende hasta su regreso. La maestra que entra en una nueva piconet, en principio, lo hace como esclava, a no ser que posteriormente ésta solicite actuar como maestra.

16.5 –Seguridad

Para asegurar la protección de la información se ha definido un nivel básico de encriptación, que se ha incluido en el diseño del chip de radio para proveer de seguridad en equipos que carezcan de capacidad de procesamiento, las principales medidas de seguridad son:

- ✓ Una rutina de pregunta-respuesta, para autentificación.
- ✓ Una corriente cifrada de datos, para encriptación

Tres entidades son utilizadas en los algoritmos de seguridad:

- ✓ La dirección de la unidad Bluetooth, que es una entidad pública.
- ✓ Una clave de usuario privada, como una entidad secreta.
- ✓ Un número aleatorio, que es diferente por cada nueva transacción.

Como se ha descrito anteriormente, la dirección Bluetooth se puede obtener a través de un procedimiento de consulta. La clave privada se deriva durante la inicialización y no es revelada posteriormente, y el número aleatorio se genera por un proceso pseudo-aleatorio en cada unidad Bluetooth.

Anexo A
Redes Conmutadas

A.1-Introducción

La explosión electrónica producida en las ciencias de la computación, y especialmente en las **redes de datos**, hace que todo se vaya transformando en paquetes de información que van y que vienen, incluida la voz.

Esta nueva manera de comunicarse, hace que necesariamente, las distintas redes deban estar interconectadas entre ellas, tanto sean las LAN (Local Área Networks), redes de área local como las WANs (Wide Área Networks), redes de área amplia. Es común que las primeras, sean propiedad de una misma entidad que es usuaria de los dispositivos conectados a esa red, en cambio, en las WAN, al menos una fracción significativa de recursos de la red son ajenos, y por lo tanto el intercambio de información entre computadoras se realiza por la red de un prestador de servicio.

A.2-Redes conmutadas

Cuando se habla de redes conmutadas, el lector lo podrá asociar con las más conocidas, que son las redes telefónicas públicas, (PSTN), donde la técnica empleada es de **conmutación de circuitos** desarrollada para tráfico de voz (se puede gestionar tráfico de datos teniendo presente que lo hace de forma ineficiente como se verá más adelante).

Pero al hablar de redes conmutadas, debemos pensar en una serie de nodos interconectados entre ellos, que permiten a través de una selección, enrutar las comunicaciones, sean estas, de voz, imágenes, o datos.

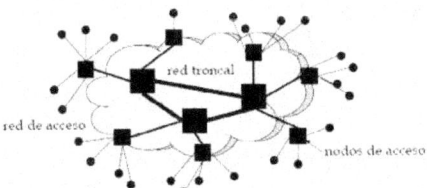

Figura A.1

La figura ejemplifica una red, donde se diferencian, nodos de conmutación intermedios, los que conforman una red troncal, (puede estar o no mallada).

Nodos que se conectan a esa troncal y que además de disponer conmutación, permiten a otras estaciones tener acceso a la red, serían como la puerta de ingreso.

142

Siempre es deseable más de un enlace o ruta alternativa entre cada par de nodos, por eso, introduciendo nodos de conmutación, interconectados entre sí y en los niveles que sean necesarios, se va creando una red flexible.

A.2.1-Conmutación de circuitos.

Al decir que una comunicación se realiza a través de conmutación de circuitos se está diciendo que existe un camino o canal de comunicación dedicado entre dos estaciones, con una secuencia de nodos enlazados. De esta manera, la transmisión es transparente para el usuario, ya que, una vez establecida la conexión, los dispositivos terminales, estarán directamente conectados entre sí.

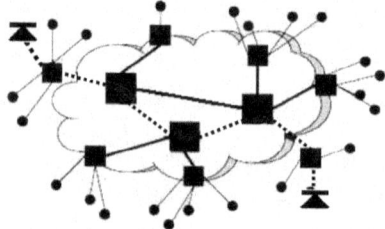

Figura A.2

A decir verdad, las redes de conmutación de circuitos han cambiado radicalmente a partir de la digitalización de las telecomunicaciones públicas, haciendo que las técnicas de encaminamiento jerárquico hayan sido reemplazadas por otras no jerárquicas, más flexibles y potentes, que permiten mayor eficiencia y flexibilidad.

Básicamente, la conmutación de circuitos tiene implícita tres fases:

1. **Establecimiento de la comunicación**:

      a) Se produce la elección del camino entre origen y destino, estableciéndose el circuito mediante señalización.

      b) Se reservan recursos a lo largo de ese circuito.

2. **Comunicación**: Los extremos intercambian información.

3. **Liberación de la comunicación**: Al finalizar, se deshace el circuito, por orden de una de las dos estaciones involucradas, devolviendo los recursos a la red

A.2.1.1-Conceptos de conmutación de circuitos.

Tomaremos como referencia un único nodo, y sobre él haremos las consideraciones relacionadas con la conmutación. Luego, al hablar de red, se tendrá presente que es una interconexión de múltiples nodos.

En la figura A.3, se muestran los elementos principales que componen un nodo, la parte central es la matriz de conmutación, cuya función es proporcionar una ruta entre al menos dos dispositivos conectados a sus interfaces. El camino que se ofrece es transparente entre los dispositivos, que son normalmente dúplex.

143

Los elementos de interfaz de red incluyen las funciones y el hardware necesarios para conectar dispositivos analógicos ó digitales. Las líneas principales a otros conmutadores digitales transportan señales TDM y facilitan los canales para la construcción de redes entre varios nodos.

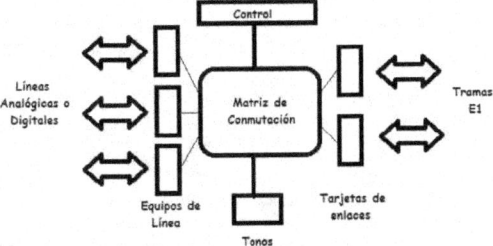

Figura A.3

La unidad de control realiza tareas tales como, establecer conexiones ante la solicitud de un dispositivo conectado a la red, gestionando y confirmando las peticiones y determinando si la estación destinataria está libre, para construir una ruta a través del conmutador. Una vez concluida la gestión, debe mantener la conexión; y esta tarea puede necesitar un control continuo de los elementos de conmutación, (caso de utilizar tecnología por división en de tiempo) y por último debe liberar la conexión por solicitud o por razones propias.

A.2.1.2-Conmutación espacial.

Los principios fundamentales de un conmutador son los mismos sea para transportar señales analógicas o digitales. Un conmutador espacial, es aquel en que las rutas de señal que se establecen son físicamente independientes entre sí.

Cada conexión necesita establecer un camino físico que se dedique únicamente a la transferencia de señales entre los dos extremos. El bloque básico de un conmutador consiste en una matriz de conexiones o puntos de cruce, generalmente son puertas semiconductoras que una unidad de control puede habilitar o deshabilitar.

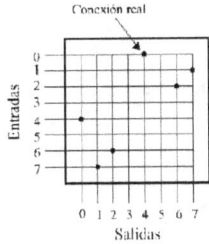

Figura A.4

144

En la figura A.4 se muestra una matriz de conexiones, donde cada estación se conecta a ella a través de una línea de entrada y otra de salida. La conexión entre cualesquiera dos líneas es posible habilitando el punto de cruce correspondiente. Si hay 10 entradas y 10 salidas existirán 100 conexiones.

Estos conmutadores matriciales tienen limitaciones:

a)   El número de conexiones crece con el cuadrado del número de estaciones conectadas.

b)   La pérdida de un cruce impide la conexión entre los dos dispositivos cuyas líneas interseccionan en ese punto de cruce.

c)   Las conexiones se usan de forma ineficiente aún cuando estén activos todos los dispositivos.

Para superar estas limitaciones, se emplean conmutadores multietapas como se muestra a continuación

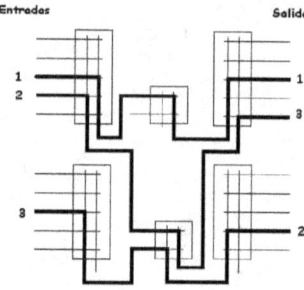

Figura A.5

Esta solución presenta ventajas frente a una matriz de una sola etapa:

a)   El número de conexiones se reduce, aumentando la utilización de las líneas de cruce. En este ejemplo el número total de interconexiones para 10 estaciones se reduce de 100 a 48.

b)   Existe más de una ruta a través de la red para conectar extremos, incrementándose la seguridad en la red.

Y algunas desventajas como lo es la posibilidad de bloqueos. Por ejemplo las entradas del primer bloque no se pueden conectar a ninguna línea de salida aunque estuviesen disponibles.

A.2.1.3-Conmutación temporal

La filosofía con que se había desarrollado la conmutación en la era analógica, fue cambiando y hoy casi todos los conmutadores actuales emplean multiplexado por división de tiempo para el establecimiento y el mantenimiento de los circuitos.

La técnica TDM síncrona permite que varias cadenas de bits de baja velocidad compartan una bus digital de alta velocidad. Las entradas se muestrean por turnos a través de unas puertas controlables y se le asignan ranuras o canales para formar la trama con tantos canales como entradas tiene el conmutador. La ranura temporal, puede ser un bit, un byte o un bloque mayor.

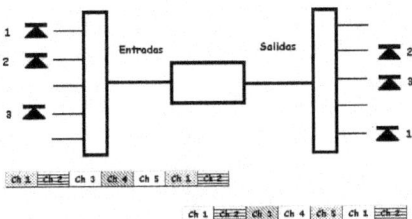

Figura A.6

La puerta de una línea de salida, queda habilitada durante el mismo tiempo que corresponde a la ranura que lleva la información. A través de las sucesivas ranuras se habilitan diferentes parejas de líneas de entra/salida, permitiendo diferentes conexiones sobre el bus.

Los dispositivos conectados al bus consiguen la operación dúplex transmitiendo durante una ranura asignada y recibiendo durante otra. La asignación de las líneas de entrada puede ser fija mientras que las de salida varían para permitir distintas conexiones.

La duración de la ranura, debe ser igual al tiempo de transmisión de la entrada más el retardo de propagación entrada/salida sobre el bus. Para no perder información de las líneas de entrada la velocidad de los datos sobre el bus debe de ser suficientemente elevada, para que las ranuras completen el ciclo con suficiente rapidez. Por ejemplo un sistema que conecta 100 líneas dúplex a 19,2 Kbps, tiene que almacenar los datos de entrada de cada línea en cada puerta de forma temporal. Cada memoria temporal debe vaciarse al habilitar la puerta con suficiente rapidez para evitar desbordamientos.

A.2.1.4-Señalizaciones

Cuando se hace uso de la conmutación de circuitos, debe existir un lenguaje que relacione las partes que intervienen, es por ello, que las señales de control son el medio para gestionar la red, para establecer, mantener y finalizar las llamadas, intercambiando información entre el abonado y los conmutadores, entre los conmutadores entre sí y estos con el centro de gestión de red.

La figura A.7, muestra un ejemplo del establecimiento de una comunicación y las señalizaciones que intervienen. A estas se las puede diferenciar en cuatro categorías:

1) **Señales de supervisión** son señales de control de carácter binario (activo/desactivo), tales como solicitud de servicio, respuesta, aviso y retorno a desocupado. Estas señales informan la disponibilidad del abonado llamado y de los recursos de la red necesarios.

2) **Las señales de direccionamiento** identifican al abonado destino. En el abonado origen se genera una señal de dirección cuando se marca un número de teléfono. La dirección resultante se propaga a través de la red buscando el encaminamiento y así llegar a destino.

3) **Las señales de información,** proporcionan al abonado información acerca del estado de la llamada, son señales audibles y se emplean para el establecimiento y cierre de la llamada.

4) **Las señales de gestión de red** se utilizan para el mantenimiento y funcionamiento general de la red, pueden tener forma de mensajes como por ejemplo una lista de rutas predefinidas enviadas a una estación para la actualización de sus tablas de encaminamiento.

Oscar Eduardo Gutierrez

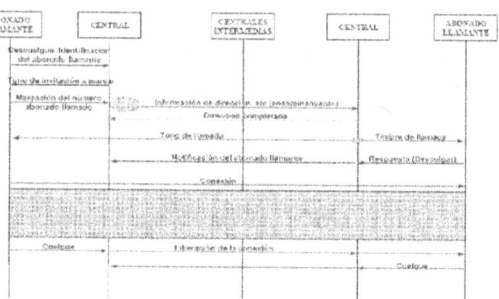

Figura A.7

A.2.2-Conmutación de paquetes

Hoy día, todo lo que se desea transmitir, se digitaliza y por ende la transmisión de datos, cobra cada vez mayor importancia, y la conmutación de circuitos es un sistema muy ineficiente para esto, dado que mantiene las líneas ocupadas durante todo el tiempo aun cuando no hay información transitando por ellas.

Además, la conmutación de circuitos requiere que los dos sistemas conectados trabajen a la misma velocidad, cosa que no suele ocurrir en la actualidad debido a la gran variedad de sistemas que se comunican.

En **conmutación de paquetes**, los datos se transmiten en porciones generalmente cortas, para transmitir grupos de datos grandes, el emisor divide estos grupos en paquetes más pequeños y les adiciona una serie de bits de control. En cada nodo, el paquete se recibe, se almacena durante un cierto tiempo y se transmite hacia el próximo nodo buscando que llegue a destino.

Algunas ventajas al comparar la conmutación de paquetes frente a la de circuitos:

1. La eficiencia de la línea es mayor; ya que cada enlace se comparte entre varios paquetes que estarán en cola para ser enviados en cuanto sea posible. En conmutación de circuitos, la línea se utiliza exclusivamente para una conexión.

2. Se permiten conexiones entre estaciones de velocidades diferentes: esto es posible ya que los paquetes se irán guardando en cada nodo conforme lleguen (en una cola) y se irán enviando a su destino a la velocidad que el medio le permita.

3. No se bloquean llamadas: ya que todas las conexiones se aceptan. Si hay muchas, se producen retardos en la transmisión.

4. Se pueden usar prioridades: un nodo puede seleccionar de su cola de paquetes en espera, aquellos que tengan ciertos criterios de prioridad para ser transmitidos.

A.2.2.1-Técnica de conmutación

A.2.2.1.1-Datagramas:

A cada paquete se lo trata en forma independiente, es decir, el emisor enumera cada paquete, le añade información de control (por ejemplo número de paquete, nombre, dirección de destino, etc.) y

147

lo envía. Puede ocurrir que por haber tomado caminos diferentes, un paquete con número mayor, llegue a su destino antes que su antecesor.

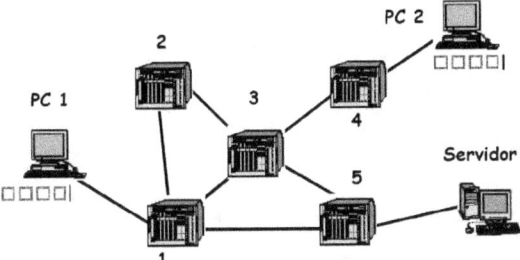

Figura A.8

Veamos la figura A.8, para desarrollar sobre ella un ejemplo. La PC1 tiene 4 paquetes para enviar al servidor, en esta técnica, el paquete 1 puede seguir la ruta PC1, nodo 1, nodo 3, nodo 5, y servidor, y el paquete 2 y 3 seguirán la ruta PC1, nodo1, nodo 5 y servidor. Así también se podría realizar un ejemplo para la PC2.

Puede darse el caso de que se pierda el paquete número 4, y a esta situación, el emisor la desconoce, porque no lo puede controlar. Tiene que ser el receptor el encargado de ordenar los paquetes que recibe y saber los que le faltan, para su posible reclamo al emisor. Debe existir un software para estas tareas.

A.2.2.1.2-Circuitos virtuales:

En esta técnica, antes de enviar los paquetes de datos, el emisor envía un paquete de control llamado *Petición de Llamada*, este paquete se encarga de establecer un camino lógico de nodo en nodo por donde irán uno a uno todos los paquetes de datos posteriores, estableciendo así un camino virtual para todo el grupo de paquetes.

Este camino virtual será numerado o nombrado inicialmente en el emisor y será el paquete inicial de Petición de Llamada el encargado de ir informando a cada uno de los nodos por los que pase, de que más adelante irán llegando paquetes de datos con ese nombre o número. De esta forma, el encaminamiento sólo se hace una vez (para la Petición de Llamada). El sistema es similar a la conmutación de circuitos, pero se permite a cada nodo mantener multitud de circuitos virtuales a la vez.

Por ejemplo, la PC1 establece para todos sus paquetes el camino virtual PC1, nodo 1, nodo 3, nodo 5 y servidor y la PC2, su camino virtual será: PC2, nodo 4, nodo 3, nodo 5 y servidor. Como puede apreciarse, el nodo 3 será parte del camino virtual de ambas PC, sin ningún inconveniente.

Ventajas de los circuitos virtuales frente a los datagramas:

- El encaminamiento en cada nodo sólo se hace una vez para todo el grupo de paquetes. Por lo que los paquetes llegan antes a su destino.

- Todos los paquetes llegan en el mismo orden del de partida ya que siguen el mismo camino.

- En cada nodo se realiza detección de errores, por lo que si un paquete llega erróneo a un nodo, éste lo solicita otra vez al nodo anterior antes de seguir transmitiendo los siguientes.

Desventajas de los circuitos virtuales frente a los datagramas:

- En datagramas no hay que establecer llamada (para pocos paquetes, es más rápida esta técnica).
- Los datagramas son más flexibles, es decir que si hay congestión en la red una vez que ya ha partido algún paquete, los siguientes pueden tomar caminos diferentes (en circuitos virtuales, esto no es posible).
- El envío mediante datagramas es más seguro ya que si un nodo falla, sólo un paquetes se perderá (en circuitos virtuales se perderán todos).

A.2.2.2-Tamaño del paquete

Al hablar de tamaño de los paquetes, se debe buscar un compromiso, ya que un aumento del tamaño, implica que es más probable que lleguen erróneos. O una disminución de su tamaño lleva a que se deba añadir más información de control, por lo que la eficiencia disminuye.

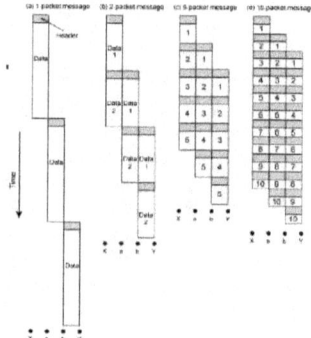

Figura A.9

Cada paquete lleva un sector de cabecera, donde se especifica cierta información de control, que él mismo va transfiriendo en su camino, como por ejemplo el número de circuito virtual, o el grado de prioridad del paquete, además, hay paquetes con funciones especiales como paquetes de reinicio de circuitos cuando hay un error, de reinicio de todo el sistema o de ruptura de conexión y en la cabecera está indicada esta información necesaria para que el paquete sea tratado.

Conclusión, tener cuidado en el tamaño de los paquetes, puede ocurrir que estemos disminuyendo la cantidad de datos y estemos agregando cabeceras.

A.2.2.3-Comparación de las técnicas de conmutación

Antes de realizar las comparaciones, se debe definir tres tipos de retardos:

1. **Retardo de propagación**: es el tiempo de propagación de la señal de un nodo a otro nodo, casi despreciable e inevitable.
2. **Tiempo de transmisión**: tiempo que tarda el emisor en emitir los datos.

3. **Retardo de nodo:** tiempo que emplea el nodo desde que recibe los datos hasta que los emite (gestión de colas, etc.).

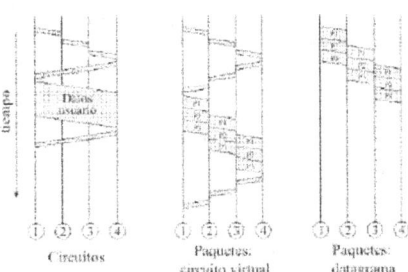

Figura A10

La figura A.10 nos muestra las conmutaciones vistas anteriormente y de allí podemos hacer las siguientes descripciones:

- En conmutación de circuitos hay un tiempo utilizado para establecer la conexión (en cada nodo se produce un retardo). Luego de establecida la conexión, existe el retardo propio de la transmisión y el retardo de propagación. Pero toda la información va a la vez en un bloque sin más retardos adicionales.

- En conmutación de paquetes mediante circuitos virtuales, existe el mismo tiempo de establecimiento que en conmutación de circuitos. Pero además, en cada nodo, los paquetes sufren un retardo esperando en la cola su turno para ser enviado al nodo siguiente. A todo esto, habría que sumar el retardo de transmisión y el retardo de propagación.

- En datagramas, se ahorra el tiempo de establecimiento de conexión, los demás retardos son iguales. Pero existe el retardo de encaminamiento en cada nodo y para cada paquete. Para grupos grandes de datos, los circuitos virtuales son más eficaces que los datagramas, si se trata de grupos pequeños son menos eficaces.

A.2.2.5-Encaminamiento

A.2.2.5.2-Criterios sobre prestaciones

A la hora de elegir un encaminamiento, se puede buscar el camino más corto, (mínima distancia entre la estación emisora y la receptora) y otra opción es elegir el menor número de saltos (mínimo números de nodos).

En aplicaciones reales se suele elegir el camino más corto.

También es importante, establecer cuál será el punto donde se decidirá hacia dónde debe enviarse un paquete desde un nodo. Uno es en el propio nodo (encaminamiento distribuido) y otro podría ser en un nodo señalado para esta tarea (encaminamiento centralizado). Esta última forma tiene el inconveniente de que si este nodo queda fuera de servicio, el encaminamiento por todos los nodos que dependen de él será imposible.

Hay otra forma de controlar el encaminamiento, y es en la propia estación de origen.

El instante en que se decide hacia dónde se enviará un paquete en un nodo es muy importante, en datagramas, esto se produce una vez por paquete, en cambio, en circuitos virtuales se produce una vez por cada petición de llamada.

A.2.2.5.3-Estrategias de encaminamiento

Encaminamiento estático. Cada nodo encaminará sus datos a otro nodo adyacente y no cambiará dicho encaminamiento nunca (mientras dure la topología de la red) para esto, existe un nodo de control que mantiene la información centralizada.

En el nodo central se almacenan todas las tablas de encaminamientos, pero en cada nodo sólo hay que almacenar las filas que conectan ese nodo con el siguiente para conseguir el encaminamiento a cada nodo posible destino de la red.

Este sistema es muy eficiente y sencillo pero poco tolerante a fallos en nodos adyacentes, ya que sólo puede encaminar a uno.

Inundaciones. Consiste en que cada nodo envía una copia del paquete a todos sus vecinos y éstos lo reenvía a todos sus vecinos excepto al nodo del cuál lo habían recibido. De esta forma se asegura que el paquete llegará a su destino en el mínimo tiempo posible. Para evitar que a un nodo llegue un paquete repetido, el nodo debe guardar una información que le haga descartar un paquete ya recibido.

Esta técnica, al ser muy robusta y de costo mínimo, se puede usar para mensajes de alta prioridad o muy importantes, el problema es la gran cantidad de tráfico que se genera en la red.

Encaminamiento aleatorio. Consiste en que en cada nodo, elegirá aleatoriamente el nodo al cuál le va a reenviar el paquete. De esta forma, se puede asegurar que el paquete llegará al destino utilizando un mayor tiempo que en el de inundaciones, con un tránsito en la red mucho menor.

Encaminamiento adaptable. Consiste en que la red va cambiando su sistema de encaminamiento conforme se cambian las condiciones de tráfico de la red. Para conseguir esto, los nodos deben de intercambiar información sobre congestión de tráfico y otros datos.

En estas técnicas de intercambio de información, pueden hacerse entre nodos adyacentes, todos los nodos, o incluso que haya un nodo central que coordine todas las informaciones.

Tiene inconvenientes como el costo de procesamiento en cada nodo que es mayor, el aumento de tráfico, la inestabilidad de esta técnica. Aún cuando el usuario cree que aumentan las prestaciones.

Anexo B
Sistemas OFDM

B.1-Introducción

A través de este Anexo, se pretende brindar al lector una panorámica sobre la modulación OFDM, tanto sea para adquirir los conceptos esenciales en el aspecto analítico-matemático del tema, como también, para poder incursionar en la comprensión del desarrollo de esta modulación que ya emplean, muchos de los estándares de comunicaciones inalámbricas.

B.2-La historia.

La historia de la OFDM comienza a mediado de los 60 cuando Hang publica su artículo sobre la síntesis de señales limitadas en banda para transmisiones multicanal. Él expone un principio para transmitir mensajes en forma simultánea sin *interferencia inter-canal* (ICI) ni *interferencia inter-símbolo* (ISI).

Poco después de que Hang presentara su artículo, Saltberg llevó a cabo un análisis de la implementación, concluyendo en que la estrategia para diseñar un sistema paralelo eficiente se debería basar en reducir el *crosstalk* (parte de señal que se introduce en un canal que no es el suyo) entre canales adyacentes que en perfeccionar cada uno de los canales por sí solo. Esta es una importante conclusión que se comprobó como cierta con el procesado digital en banda base unos años después.

Una contribución muy importante para OFDM fue presentada por Weinstein y Ebert, quienes propusieron el uso de la *transformada discreta de Fourier* (DFT) para realizar la modulación y demodulación en banda base. Su trabajo no se enfocó a "perfeccionar cada canal de manera independiente" sino a introducir un procesado eficiente y eliminar los desajustes propios de un banco de osciladores (un oscilador para cada uno de los subcanales, apareciendo serios problemas de sincronización y sintonización).

Para combatir la ISI y la ICI ellos usaron tanto un intervalo de guarda entre símbolos como un ventanado de tipo coseno alzado en el dominio del tiempo. Este sistema no conseguía una ortogonalidad perfecta entre subportadoras sobre un canal dispersivo, pero era ya una mejora considerable para la época.

Otra importante contribución fue la presentada por Peled y Ruiz en 1980, quienes introdujeron el prefijo cíclico (CP o GI, *período de guardia*), que resolvía el problema de la ortogonalidad. En lugar de usar un período de guarda vacío, ellos propusieron transmitir en ese espacio una extensión cíclica del símbolo OFDM. Esto, efectivamente, simula un canal que realiza una convolución cíclica, lo que implica ortogonalidad sobre canales dispersivos cuando el CP es mayor que la respuesta impulsiva del canal. Esto, sin embargo, introduce una pérdida de energía proporcional a la longitud del CP, pero que queda justificada por la nula ICI.

B.3 - Principio de la Técnica de Modulación OFDM

Los sistemas de comunicación inalámbrica, que utilizan una única portadora para el envío de un tren de símbolos, se encuentran expuestos a las condiciones de transmisión adversas que presenta el canal móvil, ya sea debido al desvanecimiento, al multitrayecto, a la interferencia por solo nombrar algunos factores hostiles que hacen que esta única portadora, si se ve afectada, necesite una retransmisión lo que trae una pérdida de tiempo.

Algo debía hacerse en este sentido, y un primer paso, era la utilización de multi- portadoras, para el envío de los símbolos en forma paralela lo cual, hace que el deterioro producido por un desvanecimiento, solo afecte a una de ella.

La implementación de de esta solución, tiene también su repercusión negativa, ya que hace uso de mayor ancho de banda y el espectro radioeléctrico, se ve afectado.

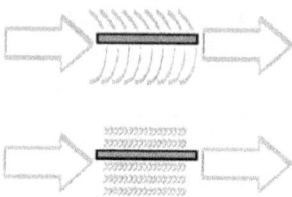

Figura B.1

La utilización de tecnologías que presenten eficiencia espectral y confiabilidad en la transmisión, se tornaba esencial, por tal motivo, todos los estudios se dirigen a lograr estos objetivos a través de una optimización de la capa física, y se comienza a incursionar en OFDM *(Orthogonal Frequency Division Multiplexing)*.

El principio consiste en dividir la secuencia de datos que deben ser transmitidos a una velocidad de transmisión Rs símbolos por segundo, en N sub-canales de datos paralelos, cada uno operando a una tasa de Rs/N símbolos por segundo. Cada sub-canal, modula una sub-portadora de manera que la velocidad de transmisión total del sistema sea equivalente, a la de una sub-portadora.

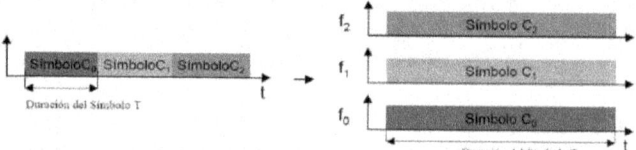

Figura B.2

En general, las frecuencias de las portadoras utilizadas para transmitir señales multiplexadas en el dominio de la frecuencia deben ser espaciadas un valor mayor que el ancho de banda de cada una de ellas, o sea:

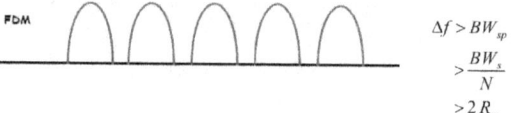

$$\Delta f > BW_{sp}$$
$$> \frac{BW_s}{N}$$
$$> 2 R_m$$

Figura B.3

153

donde BW$_{SP}$ es el ancho de banda ocupada por una portadora y Rm es la tasa de señalización de una portadora. BWs es definido como:

$$BW_s = \frac{R_b}{\log(M)}(1 + \alpha) = R_s(1 + \alpha)$$

En la ecuación anterior, *Rb* es la tasa de bit necesaria para garantizar la calidad de servicio del sistema, M es el orden de la modulación empleada, *Rs* es la velocidad de transmisión en la salida del modulador digital en fase y cuadratura y a es el factor de caída *(roll-off)* del filtro de *Nyquist* empleado.

Para realizar el espaciado entre portadoras, como el presentado en Figura B.3, es necesario un ancho de banda total, mayor al ocupado por la señal modulada en una única portadora.

Para evitar este problema, es necesario que las portadoras sean sobrepuestas en el espectro de frecuencia sin introducir interferencias *ICI (Intercarrier Interference)*. Para esto, las sub-portadoras deben ser ortogonales entre sí, o sea:

$$\int_0^T \cos[(\omega_i)t].\cos(\omega_l\,t)dt = 0 \qquad i \neq l$$

Representando *T=1/Rm* la velocidad de transmisión de cada portadora, las que dentro del ancho de banda especificado, llamaremos ahora sub-portadoras.

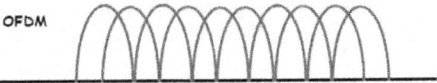

Figura B.4

B.3.1 - Generación de señales OFDM

Un primer paso para lograr la generación de señales OFDM consistía en utilizar un conversor serie – paralelo para separar la secuencia de entrada en N sub-canales de datos. Cada uno de estos sub-canales modula una sub-portadora compleja, formada por un seno y un coseno en la misma frecuencia. La suma de todas las formas moduladas resulta en una señal OFDM, lo que puede observarse en el diagrama en bloques de un Tx de la figura B.5.

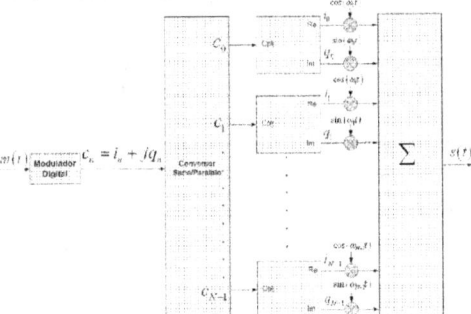

Figura B.5

En el diagrama, la secuencia binaria de datos, **m(t)**, es convertida por un modulador digital de fase y cuadratura en una secuencia de símbolos complejos **cn =in + jqn**. La componente real del símbolo, *in*, que representa la señal digital en fase, es modulada por el coseno de *? n* y la componente imaginaria, *qn*, que está en cuadratura, es modulada por el seno de *? n*. Con lo cual el símbolo OFDM puede ser expresado por:

$$s(t) = \sum_{n=0}^{N-1} [i_n \cos(\omega_n t) + q_n \, sen(\omega_n t)]$$

Como las funciones seno y coseno son ortogonales entre sí, entonces la señal OFDM puede ser detectada utilizando un banco de 2N correladores, y suponiendo que, la señal recibida, r(t), sea igual a la señal transmitida, s(t), la información en la k-ésima portadora puede ser recuperada conforme a lo mostrado en

$$i_k = \frac{2}{T} \int_0^T \sum_{n=0}^{N-1} [i_n \cos(\omega_n t) + q_n \, sen(\omega_n t)] . \cos(\omega_k t) \, dt$$

Los productos sen, cos se hacen cero por lo que:

$$i_k = \frac{2}{T} \int_0^T \cos^2(\omega_k t) \, dt$$

La figura B.6, muestra en (a) una de una sub-portadora y en (b) cinco espectros de una señal OFDM.

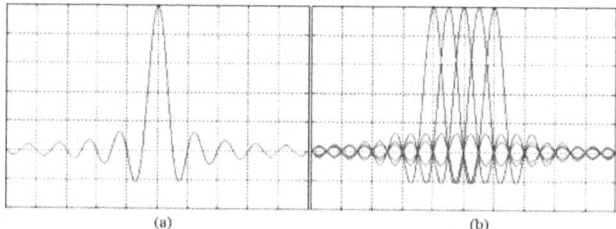

(a)   (b)

Figura B.6

Para que las sub-portadoras no interfieran entre sí, es necesario que todos los osciladores ver figura B.5 estén perfectamente espaciados en Rm (Hz) y sincronizados. Por otro lado, para que OFDM presente ventajas sobre un sistema de portadora única, es necesario que el número de sub-portadoras sea elevado. En WiMAX, está previsto el uso de 256 o 2048 portadoras, las que al ser de banda estrecha, cada una experimenta desvanecimiento plano, lo que hace bastante simple la ecualización.

La implementación de este número de osciladores sincronizados, es inviable, pero hay una alternativa. Es posible generar la señal OFDM de una manera más fácil, aplicando la teoría de procesamiento digital de señales. Analizando la ecuación de s(t), es posible determinar que la señal OFDM puede ser vista como una serie de Fourier limitada de N elementos, donde las componentes de fase y cuadratura son los coeficientes de esta serie, entonces la ecuación puede ser reescrita de la siguiente forma:

$$s(t) = \sum_{n=0}^{N-1} \Re[i_n \cos(\omega_n t) - ji_n \, sen(\omega_n t) + jq_n \cos(\omega_n t) + q_n \, sen(\omega_n t)]$$

Se hace notar de que $\Re$ [.] es la parte real de s(t) y muestreando esta señal a una tasa de Rs muestras por segundo, se puede representar la señal OFDM como:

$$s(m) = \Re\left\{ \sum_{n=0}^{N-1} c_n \; e^{-j\frac{2\pi n}{N}m} \right\}$$

En la ecuación s(m), el sub índice *m* es la posición temporal de las muestras, y estas pueden ser obtenida a partir de la IDFT *(Inverse Discrete Fourier Transform)* de los símbolos *cn*, los cuales pueden ser vistos como el espectro de amplitud del símbolo OFDM.

De esta manera, para demodular la señal, solo es necesario aplicar la DFT, de la señal OFDM discreta.

Con relación al tiempo utilizado por el procesador digital para realizar la IDFT en la transmisión, y la DFT en la recepción es de T = *1/Rm* segundos. Rápidamente se deduce que con el aumento de sub-portadoras, el tiempo será mayor y para un número elevado de sub-portadoras, la velocidad de procesamiento necesaria puede ser no viable para la generación y la recepción de la señal OFDM.

Una manera de minimizar el tiempo de procesamiento es utilizar un algoritmo eficiente para el cálculo como lo es la transformada rápida de Fourier FFT *(Fast Fourier Transform)* lo que permite que el tiempo de generación/detección de señales OFDM sea reducido, cuando el número de sub-portadoras empleado esté dado por:

$$N = 2^p \qquad con \quad p \; entero \; y \neq 0$$

B.3.2 - Prefijo Cíclico

Como el símbolo recibido es compuesto de varias muestras, transmitidas de manera serial, en la figura B.7 vemos que en el límite de dos símbolos contiguos, se producirán interferencias entre símbolos (ISI).

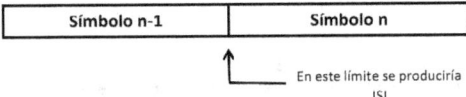

Figura B.7

Esta auto-interferencia da como resultado, una selectividad en frecuencia dentro de la banda total utilizada. Como esta banda total fue dividida en varios sub-canales planos, estos pueden ser compensados con un único coeficiente multiplicativo en el dominio de la frecuencia para restaurar la fase y la amplitud.

La ISI introducida por las muestras pertenecientes al símbolo anteriormente transmitido puede degradar significativamente la transmisión debido a la quiebra de ortogonalidad de la señal, lo que da como resultado una *ICI (Intercarrier Interference)*.

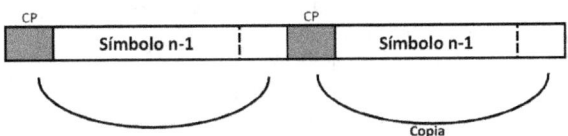

Figura B.8

Para minimizar, o eliminar este problema, se adiciona un prefijo generalmente antes del símbolo resultante de la IFFT. Este prefijo es la copia de la parte final del símbolo logrado, garantizando de esta manera la periodicidad dentro del nuevo símbolo formado. Debido a esta característica de mantener la periodicidad se da el nombre de prefijo cíclico CP *(Cyclic Prefix)* en otros casos se lo denomina IG *(Intervalo de Guarda)*. La Figura B.8, muestra el efecto producido por el prefijo en la señal transmitida, donde se debe cumplir que CP debe ser mayor al atraso de difusión producido por el canal.

Aún con el Prefijo Cíclico, la transición es muy abrupta entre el final de un símbolo y el comienzo de otro, y esto origina componentes espectrales de alta frecuencia, aumentando así el ancho de banda.

Para evitar esto, se emplean ventanas, tanto al comienzo como al final de cada símbolo, dándole una pendiente de caída. Pueden ser realizados con filtros de Coseno alzado, Hamming, Hann, etc. La figura B.9 ejemplifica este aspecto.

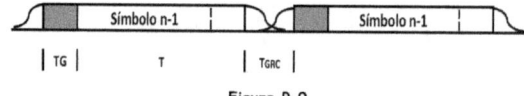

Figura B.9

B.3.3 - Estructura del símbolo OFDM

La estructura del símbolo OFDM está compuesto tal como se dijo en párrafos anteriores, por sub-portadoras las cuales pueden ser: de datos, pilotos que son usadas para estimación de canal, sub-portadoras nulas que son utilizadas como bandas de guarda, sub-portadoras no activas y DC. La figura B.10, muestra la estructura.

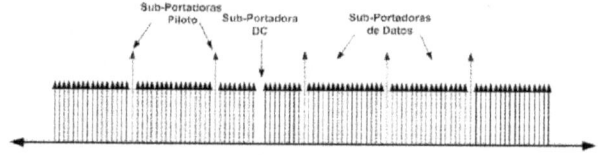

Figura B.10

B.4 - Ventajas de OFDM

La técnica de modulación OFDM, comparada con las técnicas de portadora única, tiene las siguientes ventajas:

- Alta eficiencia espectral.
- Simplicidad en la implementación de la *FFT*.
- Baja complejidad en la implementación.
- Velocidades elevadas en entornos con desvanecimiento multitrayecto.
- Elevada flexibilidad en la adaptación de enlaces y
- Reducida complejidad en la implementación de estructuras de acceso múltiple (*OFDMA - Orthogonal Frequency Division Multiple Access*).

B.5 - Desventajas de OFDM

La técnica de modulación OFDM, comparada con las técnicas de portadora única, tiene las siguientes desventajas:

- Alto PAPR (Peak-to-Average Power Ratio).
- Alta sensibilidad a errores producidos por pérdida de sincronización ya sea en frecuencia o tiempo.

B.6 - Conclusión

Luego de esta descripción, puede quedar la impresión de que el tema queda inconcluso, ya que para hacer uso de esta modulación, se puede requerir de más bloques funcionales. Es así, cabe aclarar, que al tratar los capítulos correspondientes a la tecnología WiMax, se desarrollará la implementación de un transceptor con todos sus bloques funcionales.

Anexo C
Modulación GMSK

C.1 - Introducción

Al tratar los tipos de modulación que se utilizan en comunicaciones móviles, podemos clasificarlas en tres grupos principales:

- Modulaciones digitales con envolvente no constante, por ejemplo QPSK; diferencial-PSK

- Modulaciones digitales con pequeña envolvente residual, casi constante pero sin serlo como por ejemplo O-QPSK, p/4-QPSK.

- Modulaciones digitales con envolvente constante, como FSK, MSK, GMSK.

A decir verdad, todas estas modulaciones son idealmente con envolvente constante, pero tienen algunas diferencias. Las del primer grupo, se caracterizan por la posibilidad de que aparezcan saltos bruscos de fase (180°) lo cual hace que al pasar por amplificadores con baja linealidad, (tipo clase C) la envolvente deje de ser constante. Este tipo de modulaciones tienen buena eficiencia espectral y mala eficiencia de potencia.

Las del segundo grupo, se caracterizan porque los posibles saltos de fase son limitados, por lo tanto, la posibilidad de que la envolvente se desvanezca es menor.

El último grupo, al tener envolvente constante, hace que se caracterice por atravesar los amplificadores no lineales sin que se vean afectadas sus propiedades. En contrapartida, necesitan mayor ancho de banda de transmisión, por lo tanto, al contrario de los primeros, tienen alta eficiencia de potencia, pero baja eficiencia espectral.

C.2 - Modulación Digital en GSM

El esquema de modulación usado en GSM es **0.3 GMSK**, donde 0.3 describe el ancho de banda del filtro Gausiano con relación al bit rate de la señal (B.T=0.3). GMSK es un tipo especial de modulación FM. Los unos y ceros binarios se representan por desplazamientos en frecuencia de ± 67,708 KHz.

La velocidad de datos en GSM es de 270,833333 Kbps, que es exactamente cuatro veces el desplazamiento en frecuencia, esto minimiza el ancho de banda ocupado por el espectro de modulación y así mejora la capacidad del canal. Luego, la señal modulada se pasa a través de un filtro Gausiano para atenuar las variaciones rápidas de frecuencia que de otra forma esparcirían energía en los canales adyacentes.

C.2.1 - Modulación MSK ("Minimum Shift Keying")

MSK es un tipo especial de FSK ("Frecuency Shift Keying"), con fase continua y un índice de modulación de 0,5. El índice de modulación de una señal FSK es similar al de FM, y se define por:

$$k_{FSK} = (2\Delta F) / R_b$$

donde, $2\Delta F$ es el desplazamiento en frecuencia de pico a pico y Rb es el bit rate. Un índice de modulación de 0,5 se corresponde con el mínimo espacio en frecuencia que permite dos señales FSK para ser ortogonales coherentes, y el nombre MSK implica la mínima separación en frecuencia que permite una detección ortogonal.

Dos señales FSK v_H(t) y v_L(t) se dice que son ortogonales si:

$$\int_0^T v_H(t)v_L(t)\,dt = 0$$

MSK es una modulación espectralmente eficiente. Posee propiedades como envolvente constante, buena respuesta ante los errores de bits, y capacidad de auto-sincronización. Una señal MSK genérica se puede expresar como

$$S_{MSK}(t) = m_I(t)\cos\left(\frac{\pi t}{2T_b}\right)\cos(2\pi f_c t) + m_Q(t)sen\left(\frac{\pi t}{2T_b}\right)sen(2\pi f_c t)$$

donde m_I(t) y m_Q(t) son los bits pares e impares de la cadena de datos bipolares que tienen valores de +1 o de -1 y que alimentan los bloques en fase y en cuadratura del modulador.

La forma de onda MSK se puede ver como un tipo especial de FSK de fase continua y por tanto la ecuación anterior se puede reescribir usando las propiedades trigonométricas como

$$S_{MSK} = \cos\left[2\pi f_c t - m_I(t)m_Q(t)\frac{\pi t}{2T_b} + \phi_k\right]$$

donde F_k es 0 ó p dependiendo de si m_I(t) es 1 ó -1. De la ecuación anterior se puede deducir que MSK tiene amplitud constante. La continuidad de fase en los periodos de transición de bits se asegura eligiendo la frecuencia de la portadora como un múltiplo entero de un cuarto del bit rate. Con un estudio más profundo, se puede ver de la ecuación anterior que la fase de la señal MSK varía linealmente durante el transcurso de cada periodo de bit.

Las figuras siguiente muestra un modulador y demodulador típico MSK. Multiplicando una señal portadora por cos [p.t/2T] se producen dos señales coherentes en fase a las frecuencias fc+1/4T y a fc-1/4T. Estas dos señales FSK se separan usando dos filtros paso banda estrechos y se combinan apropiadamente para formar las dos señales en fase y en cuadratura x(t) e y(t) respectivamente.

Estas portadoras se multiplican por las cadenas de bits impares y pares, m_I(t) y m_Q(t) para producir la señal modulada MSK S_{MSK} (t) .

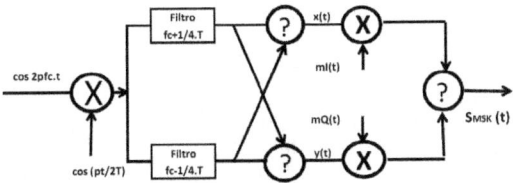

Figura C.1

En el receptor, la señal recibida S_{MSK}(t) se multiplica por las portadoras respectivas en fase y en cuadratura y la salida de los multiplicadores se integra durante dos periodos de bit, luego se introduce en un circuito de decisión al final de estos dos periodos. Basado en el nivel de la señal a la salida del integrador, el dispositivo de decisión resuelve si la señal es 1 ó 0. Las cadenas de datos de salida se corresponden con las señales m_I(t) y m_Q(t), que se combinan para obtener la señal demodulada.

160

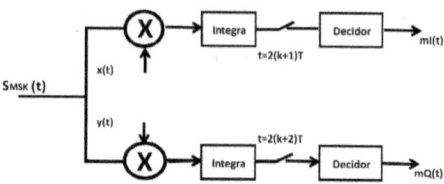

Figura C.2

C.3 - Modulación GMSK ("Gaussian Minimum Shift Keying")

GMSK es un esquema de modulación binaria simple que se puede ver como derivado de MSK. En ella, los lóbulos laterales del espectro de la señal MSK se reducen pasando los datos NRZ modulantes a través de un filtro Gausiano de pre-modulación que aplana la trayectoria de fase de la señal y así, estabiliza las variaciones de la frecuencia instantánea a través del tiempo.

El filtrado convierte la señal en una respuesta donde cada símbolo ocupa varios periodos. Sin embargo, dado que esta conformación de pulsos no cambia el modelo de la trayectoria de la fase, GMSK se puede detectar coherentemente como una señal MSK, o no coherentemente como una señal simple FSK. En la práctica, GMSK es muy atractiva por su excelente eficiencia de potencia y espectral.

El filtro de pre-modulación, introduce interferencias inter-símbolos (ISI) en la señal transmitida, y se puede mostrar que la degradación no es grave si el parámetro B.T del filtro es mayor de 0.5. Recordemos que en GSM tenemos que el B.T es 0.3, entonces, vamos a tener algunos problemas de ISI y es por ello por lo que en GSM la señal no es totalmente de envolvente constante como se mostrará.

El filtro gausiano de pre-modulación tiene una respuesta impulsiva dada por

$$h_G(t) = \frac{\sqrt{\pi}}{\alpha} \exp\left(-\frac{\pi^2}{\alpha^2} t^2\right)$$

Y su respuesta en frecuencia viene dada por:

$$H_G(f) = \exp(-\alpha^2 f^2)$$

El parámetro α, está relacionado con el ancho de banda del filtro B, por la siguiente expresión

$$\alpha = \frac{\sqrt{2\ln 2}}{B}$$

y el filtro GMSK se puede definir completamente por B y por la duración de un símbolo en banda base T, es decir por el producto BT. En la figura C.3 podemos ver cómo varia la forma de la respuesta impulsiva del filtro variando el parámetro α (es decir, B).

La segunda gráfica, Figura C.4 nos muestra la PSD que fuera simulada de una señal GMSK para varios valores de BT y también de una señal MSK, que es equivalente a GMSK con BT infinito. En el gráfico se ve claramente que conforme se reduce BT, los niveles de los lóbulos laterales se atenúan rápidamente. Por ejemplo, para BT=0.5, el pico del segundo lóbulo está más de 30 dB por debajo del principal, mientras que para MSK el segundo lóbulo está sólo 20 dB por debajo del principal. Sin embargo, la reducción de BT incrementa la ISI, y por lo tanto se incremente el BER.

Debemos tener en cuenta que los canales de radio introducen un irreparable BER debido a la velocidad del móvil, y este es mucho mayor que al introducido por una señal GMSK, por lo tanto no debe ser preocupante usar esta modulación.

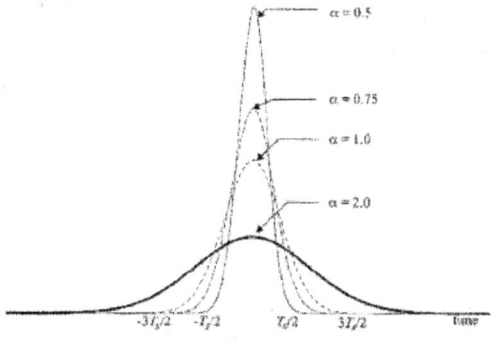

Figura C.3

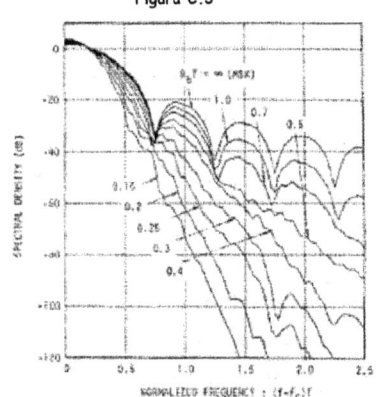

Figura C.4

La manera más simple de generar una señal GMSK es pasar una cadena de mensajes NRZ a través de un filtro gausiano pasa bajo como los descritos anteriormente, seguido de un modulador de FM. Esta técnica de modulación es simple, y se usa actualmente en una gran cantidad de implementaciones analógicas y digitales. Una de ellas, para GSM.

162

A través de un ejemplo, se describirá paso a paso el esquema de modulación para que se pueda analizar fácilmente y para ello vamos a explicar primero el proceso que vamos a seguir para conseguir una señal modulada en MSK.

Empezamos con una cadena de datos, que modulará a la portadora según el esquema MSK. Supongamos una cadena de 10 bits de datos, que serán 1101011000. A esa cadena, la vamos a dividir en dos señales: una formada por los bits impares y otra formada por los bits pares.

Así mantendremos el valor de cada una de estas dos señales durante dos instantes de tiempo. Si aplicáramos estas dos señales a un modulador en cuadratura tendremos una señal OQPSK, la que es muy utilizada también en los sistemas celulares digitales. En el caso de GSM, tal como se ha dicho, el bit rate es de 270,833 Kbps, entonces el bit rate de las señales impar y par será de la mitad, es decir de 135,4165 Kbps.

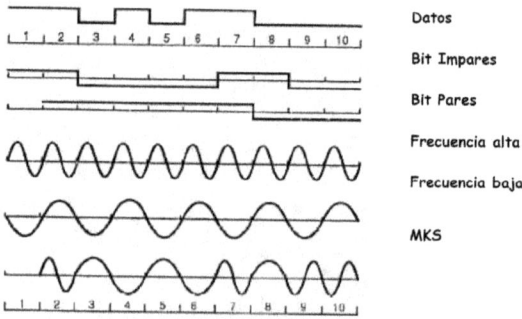

Figura C.5

Las dos siguientes formas que onda que podemos ver en la figura C.5, son las señales portadoras de frecuencia alta y baja, respectivamente. Para crear la señal MSK, debemos empezar con el bit número 2, y debemos fijarnos en la tabla

Se observa que para el tiempo 2, bit par = 1, bit impar =1 por lo tanto la salida será frecuencia alta y desplazamiento de fase = 0. La señal de salida MSK será la que se nos indique teniendo en cuenta si la señal portadora tanto de frecuencia alta como de baja debe estar en fase o en contrafase. Así se obtiene la señal que se indica al final, que es la señal MSK.

Entrada Digital		Salida MSK	
Bit Impar	Bit Par	Frecuencia	Fase
1	1	Alta	0
0	1	Baja	π
1	0	Baja	0
0	0	Alta	π

Llegado a este punto, para lograr una señal GMSK de una señal MSK, necesitamos tan solo filtrar esta señal con un filtro gausiano de un ancho de banda definido por su BT=0.3, lo cual nos indica que el ancho de banda B debe ser de 81,3 KHz aproximadamente dado que T=1/270833.

Las señales GMSK se pueden detectar usando detectores ortogonales coherentes o con detectores no coherentes como los discriminadores normales de FM. La recuperación de la portadora se realiza algunas veces usando un método ortodoxo donde la suma de las dos componentes en frecuencia a la salida del doblador de frecuencia se divide por cuatro. Este tipo de demodulador se puede implementar fácilmente usando lógica digital.

Bibliografía

CICHON, D. J. KÜRNER, T. COST 231 group final repport. "Capitulo 4".

COMES, R. A.; ALVARES, F. B.; CASADEVALL PALACIOS, FERÚS FERRE, R. ; PEREZ ROMERO, J.; SALLENT ROIG, O.; "*LTE, Nuevas Tendencias en Comunicaciones Móviles*"

ERCEG, E. "*An Empirical Based Path Loss Model for Wireless Channels in Suburban Environments,*"

FINNERAN, MICHAEL F. *WiMax versus Wi-Fi*, dBrn Associates Inc., Año 2004.

FREEMAN, R. "*Radio System Design for Telecommunications*" (1-100 GHz). Wireless Channels: Theory, Experiments, and Statistical models," WPMC 1999 Conference Proceedings, Amsterdam, Sept. 1999.

HERNANDO RÁBANOS, J. MA. Y OTROS. "*Ingeniería de Sistemas Trunking*".

HUIDOBRO MOYA, J. M. "*Comunicaciones Móviles*"

IEEE 802.16.3c-01/29r4, "*Channel Models for Fixed Wireless Applications,*"

IEEE Selected Areas in Communications, Vol. 17, No. 7 July 1999.

PARSONS, J. D. "*The Mobile Radio Propagation Channel*"

PORTER J.W. AND THWEATT, J. A. "*Microwave Propagation Characteristics in the MMDS Frequency Band,*"

RAPPAPORT, T. "*Wireless Communication*"

STALLINGS, WILLIAM. "*Comunicaciones y Redes de Computadores*" 6ta Edición

UIT. Recomendación UIT-R P 1238 "*Datos de propagación y métodos de predicción para la planificación de sistemas de radiocomunicaciones en interiores y redes de radiocomunicaciones de área local en la gama de frecuencias de 900 MHz. A 100 GHz*".

WALFISCH, J; BERTONI, H. L. "*A theoretical model of UHF propagation in urban environments, Antennas and Propagations*"

Páginas web consultadas

http://www.tele-semana.com

http://www.wirelessbrasil.org/eprado/trab.html

http://wirelessman.org/

http://www.ieee802.org/16

http://www.etsi.org/

http://www.latinwimax.com

http://www.siti.es/nsiti2005/

http://www.owns.bfioptilas.es/html/rf_mw/rf-5.htm

Oscar Eduardo Gutierrez

http://www.wimaxworld.com/
http://www.trestech.com.ar
http://www.wimaxforum.org
http://www.srtelecom.com

Acerca del Autor

Oscar Eduardo Gutierrez, es oriundo de la ciudad de Córdoba, donde cursó su educación primaria y secundaria, esta última, más exactamente en el ENET N°2 "Ing. Carlos A. Cassaffouth" de donde egresó con el título de Técnico en Electrónica con orientación en Telecomunicaciones.

Luego de muchos años, retomó sus estudios terciarios, egresando de la Universidad Tecnológica Nacional, Facultad Regional Córdoba, con el título de Ingeniero en Electrónica, realizando las materias electivas en la especialidad Telecomunicaciones.

Cursó la Maestría en Ciencias de la Ingeniería – Mención Telecomunicaciones dictada en la Universidad Nacional de Córdoba, siendo diplomado con el título de Ingeniero Especialista en Telecomunicaciones Telefónicas y próximo a concluir su tesis para la Maestría.

Cuenta con una amplia experiencia profesional, ya que desde adolescente, su actividad laboral, ha estado ligada a las comunicaciones, participando en distintos proyectos como lo fue el diseño de equipos de Banda Ciudadana, de los primeros Tele-Taxis, pasando por la implementación de sistemas de comunicación con equipos de radio de distintos tipos, hasta recientemente, llevando adelante la implementación de enlaces digitales de comunicaciones y redes de Fibra Óptica en el ámbito de la provincia de Córdoba.

Hace más de 40 años que trabaja en EPEC, siempre ligado a las Comunicaciones y actualmente en la Gerencia de Tecnologías de la Información y Comunicaciones, estando a su cargo el Departamento Técnico de esta especialidad.

En la docencia, se ha desempeñado en el Colegio Robles como profesor titular de Comunicaciones y Sistemas de Comunicaciones, en el ISSD como profesor de Enlaces de Fibra Ópticas y a su cargo guiar los Trabajos Finales de la carrera Terciaria de Telecomunicaciones, luego, en la UTN, Facultad Regional Córdoba fue auxiliar docente en el Laboratorio de Comunicaciones, Jefe de Trabajos Prácticos en las materias electivas Teleinformática y Comunicaciones III, cátedra que actualmente está a su cargo.

Es ponente habitual en Jornadas de Actualidad Tecnológica, como también jurado en actividades de este tipo que organiza el Ministerio de Educación. Ha dictado distintos cursos patrocinados por la IEEE y Universidades, siempre relacionados con las Telecomunicaciones.

JORGE SARMIENTO EDITOR / VNIVERSITAS

www.ingramcontent.com/pod-product-compliance
Lightning Source LLC
Chambersburg PA
CBHW070544220526
45467CB00003B/1050